察尔汗重大产业基地现状企业取用水调查和水平衡分析研究

刘永峰　韩柯尧　侯希斌　侯元昇　陈　强　著

黄河水利出版社
·郑州·

内 容 提 要

察尔汗重大产业基地位于青海省格尔木市中心城区北部,是国务院批复的柴达木循环经济试验区的核心区和主战场的格尔木工业园的重要组成部分。本书梳理察尔汗重大产业基地内现状企业取、供、用、耗、排水量及其关系,摸清用水工艺、用水性质,统计水计量设施、节水措施等基本情况,对各企业的供、用、耗、排全过程进行调查分析,按照国家和青海省水资源管理要求,分析其用水水平、用水定额等;通过现状水平衡分析挖掘察尔汗重大产业基地内现状企业的节水潜力,提出下一步的可行节水措施,核定察尔汗重大产业基地内现状企业的取水量、排水量,为水行政主管部门取水许可审批管理及企业用节水管理工作提供技术支撑。

本书可供水利部门、环境保护部门从事水文研究、水资源管理、水资源论证等的专业技术人员、管理人员和大专院校相关专业师生参考使用。

图书在版编目(CIP)数据

察尔汗重大产业基地现状企业取用水调查和水平衡分析研究/刘永峰等著. —郑州:黄河水利出版社,2019.5
ISBN 978 - 7 - 5509 - 2382 - 9

Ⅰ.察…　Ⅱ.①刘…　Ⅲ.①水资源管理 - 研究 - 格尔木　Ⅳ.①TV213.4

中国版本图书馆 CIP 数据核字(2019)第 105351 号

组稿编辑:王路平　电话:0371 - 66022212　E-mail:hhslwlp@126.com

出　版　社:黄河水利出版社　　　　　　　　　网址:www.yrcp.com
　　　　地址:河南省郑州市顺河路黄委会综合楼 14 层　　邮政编码:450003
发行单位:黄河水利出版社
　　　　发行部电话:0371 - 66026940、66020550、66028024、66022620(传真)
　　　　E-mail:hhslcbs@126.com
承印单位:河南新华印刷集团有限公司
开本:787 mm×1 092 mm　1/16
印张:8.25
字数:200 千字
版次:2019 年 5 月第 1 版　　　　　　　　印次:2019 年 5 月第 1 次印刷

定价:45.00 元

前　言

2010 年 3 月 15 日,国务院批复了《青海省柴达木循环经济试验区总体规划》,格尔木工业园作为柴达木循环经济试验区的核心区和主战场以及重点建设的四大循环经济工业园之一,具有重要的战略意义,对海西州和青海省的经济社会发展有着举足轻重的作用。格尔木工业园由察尔汗重大产业基地和昆仑重大产业基地组成,其中察尔汗重大产业基地以青海盐湖工业股份有限公司为主导进行规划建设。

为进一步加强察尔汗重大产业基地取水许可管理,推进盐湖三期金属镁一体化项目、盐湖蓝科锂业碳酸锂项目等项目的取水许可审批工作,研究察尔汗重大产业基地下阶段发展建设的水资源需求,2016 年 12 月 16 日,青海省水利厅在西宁组织召开了青海盐湖工业股份有限公司取水许可座谈会。会议听取了青海盐湖工业股份有限公司关于《察尔汗重大产业基地产业发展规划》《青海盐湖工业股份有限公司水资源规划方案》的汇报,建议青海盐湖工业股份有限公司进一步全面梳理生产、生活用水供、用、耗、排过程和环节,摸清用水现状,作为取水许可核验和取水许可申请的技术依据,要求对《察尔汗重大产业基地产业发展规划》《青海盐湖工业股份有限公司水资源规划方案》进行修改完善,全面掌握察尔汗重大产业基地未来一段时期内发展对水资源的需求以及区域水资源的承载力。

2017 年 3 月,柴达木循环经济试验区格尔木工业园管理委员会规划建设局、青海盐湖工业股份有限公司共同委托黄河水资源保护科学研究院开展察尔汗重大产业基地现状取用水调查和水平衡分析工作。黄河水资源保护科学研究院接受委托后,在多次现场查勘基础上,制订了《察尔汗重大产业基地取用水调查和水平衡分析工作方案》并报格尔木工业园管理委员会和青海盐湖工业股份有限公司上会讨论,随后青海盐湖工业股份有限公司成立了由总裁负责的工作领导小组,在集团公司和各分公司分别指定中层以上干部负责协助此次工作。本次工作由格尔木工业园管理委员会、青海盐湖工业股份有限公司和黄河水资源保护科学研究院共同参与完成,编制完成的《察尔汗重大产业基地取用水调查和水平衡分析报告书》于 2017 年 7 月通过青海省水利厅审查。

在察尔汗重大产业基地取用水调查和水平衡分析研究及本书编写过程中,得到青海盐湖工业股份有限公司、格尔木工业园管理委员会规划建设局等单位领导和同志们的大力支持和帮助,在审查报告书时青海省有关专家提出了修改意见,在此表示最诚挚的感谢! 同时,感谢项目参与成员闫海富、曹原、李娅芸、王焱庆、夏风、王海青、佘永红、马金山、徐吉申、王文海、哈占方、刘树华、宋先君、张海军、李建业、蒋明亮、苗承红、张跃东、贾国安、刘东曲、张成胜、马国云、马有海、马洪才、张海青、赵吉林、苏景武、王盛麟、陈艳茹等付出的辛勤劳动。

由于作者水平有限,本书也存在一些不足之处,敬请广大读者批评指正。

作　者

2019 年 3 月

目　录

第1章 总 论

1.1 调查分析对象及范围

本次取用水调查和水平衡分析对象为察尔汗重大产业基地内现状企业。

本次取用水调查和水平衡分析范围为察尔汗重大产业基地已建成区域,面积约 55 km²。分析范围示意图见图 1-1。

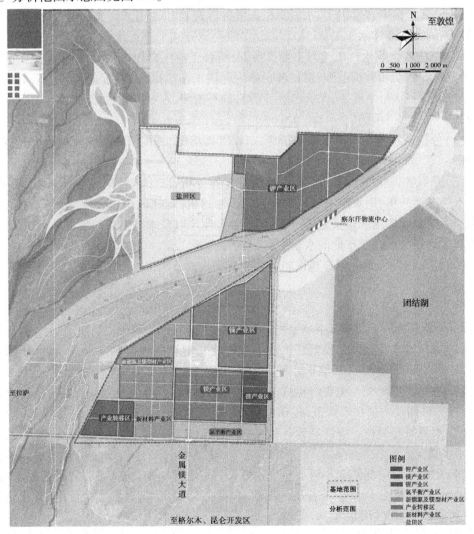

图 1-1 察尔汗重大产业基地取用水调查和水平衡分析范围示意图

1.2 工作方案及方法

1.2.1 工作方案

本次取用水调查和水平衡分析工作按照下列工作方案开展：

（1）整理察尔汗重大产业基地基本情况，摸清基地和各企业的建设现状、立项手续、环保手续、水资源论证手续、取水许可手续、各装置规模、工艺技术、设备情况、主要经济技术指标、供水水源、净水设施、供水管线、计量设施安装情况、排水处理、排水回用以及已采取的节水措施等。

（2）统计基地内现状各企业实际用水量和产能，结合各企业的项目可行性研究报告、初步设计、环境影响评价报告、水资源论证报告等资料和现场调研实际情况，分析预测达产条件下的各企业需水水量。

（3）分析各企业生产工艺与主要设备，分析各企业主要用水系统，划定各企业测试单元，确定调查周期和分析范围，制订各企业的现场工作测试方案，根据调查结果给出各企业水量平衡图、水量平衡表；结合各企业的水量平衡图、水量平衡表，给出现状察尔汗重大产业基地的水量平衡图表。

（4）分析现状各企业节水技术措施、节水管理措施，开展节水措施效果评价和节水潜力分析。

（5）开展各企业取水许可审批的规章符合性分析、取用水计量设施配备安装和管理的技术符合性分析、用水水平和用水工艺先进性评价、现状取用水合理性评价、进一步采取措施后给企业取用水量核定等工作；做出各企业采取节水措施后的水量平衡图、水量平衡表和察尔汗重大产业基地的水量平衡图、水量平衡表。

（6）提出核发取水许可证建议和各企业下一步的节水措施和节水方向。

1.2.2 工作方法

1.2.2.1 取用水调查准备工作

（1）资料调查及整理。收集察尔汗重大产业基地现状项目的立项资料、可研及初设资料、环评及环保验收资料、取水许可及水资源论证资料等。

（2）主要装置调查。主要内容是掌握基地各项目生产规模、生产工艺、主要生产设备情况、投产日期及主要技术规范，包括水量、水质等技术数据和要求。

（3）水源情况调查。查清基地各种水源（地下水、地表水、复用水）情况，统计近几年来的用水情况。

（4）用水系统情况调查及用水环节分析。一是生产用水，包括各装置工艺用水、循环冷却用水、设备冲洗用水等；二是生活用水，包括办公区、食堂等各类生活用水；三是其他用水，包括冲洗、化验用水等。

（5）排水、耗水情况调查。主要调查各装置排水、耗水系统的设备和设施的技术参数，近年主要排水单元的排水水量统计。

（6）绘制用水、排水系统示意图,确定取用水调查单元。

1.2.2.2　水量调查方法

充分利用现有用水统计资料,综合运用多种手段,包括超声波流量计、容积法、计算法、推估法等方法,相互比对,获取真实有效的水量数据,预测达产条件下的需水量。

1.2.2.3　取用水调查单元与节点

根据实际情况将察尔汗重大产业基地的水系统划分为三级,整理调查结果时,再归结为三级水平衡,其中察尔汗重大产业基地作为一级体系,基地内现状企业作为二级体系,项目各主要用水单元作为三级体系。

1.2.2.4　取用水调查仪表配备

（1）用水单位水计量表,要求配备率、合格率、检测率均达到100%。

（2）水表的精确度不应低于 ±2.5% ,水表的记录要准确。

（3）用辅助方法测量时,要选取负荷稳定的用水工况进行测量,其数据不少于5次测量值,取其平均。

（4）临测仪器配备:

①固定式超声波流量计20台。

②便携式超声波流量计6台。

③pH 值计、电导率仪、秒表、皮尺、量筒等若干。

1.2.2.5　调查项目

（1）现状各企业的取水量、用水量、重复用水量、循环水量、回用水量、损耗水量、排水量。

（2）察尔汗重大产业基地的总取水量、总用水量、总重复用水量、总循环水量、总回用水量、总损耗水量、总排水量。

（3）进行水平衡计算和用水分析,水量按 m^3/h 计,基地统计按万 m^3/a 计。

1.2.2.6　取用水调查数据整理

（1）水平衡数据的整理层次,由用水设备到各用水单元,再到各企业,再到整个基地,逐级计算整理、平衡。

（2）对各用水体系的水量平衡计算并绘制各项目的水量平衡方框图。

（3）计算出现状各企业达产条件下的取水量、用水量、重复用水量、消耗量、排放量等,并汇总至整个察尔汗重大产业基地。

（4）做出整个基地的现状水量平衡图表。

1.2.2.7　取用水调查和水平衡结果分析

（1）用水合理性分析。根据各企业实际水量平衡结果分析其用水的合理性,查找出不合理用水因素和管理上的薄弱环节。

（2）采取相应的管理和技术改造措施,提出进一步节水潜力和节水方向。

1.2.2.8　采取节水措施后的各企业水平衡预测分析

根据现场调查和实际水平衡分析提出的各企业的节水潜力,绘制采取节水措施后的现状各企业水量平衡图表。鉴于很大一部分企业循环冷却水系统的用、排水比例较大,在进行采取进一步节水措施后的各企业水平衡预测分析时,对于循环冷却水系统用、排水预测,在与各企业充分沟通的基础上,特做出如下技术规定。

间冷开式循环冷却水系统的用水消耗与系统浓缩倍率、风吹损失率和蒸发损失率有主要关系。

1. 浓缩倍率

浓缩倍率是对于一定浓度的水溶液而言的,设其某种物质的含量为 S_0,经过蒸发以后此物质的浓度变为 S_1,称 S_1/S_0 的值为此溶液在蒸发过程中的浓缩倍率。浓缩倍率是反映某水溶液蒸发能力强弱的物理量。

满足《工业循环冷却水处理设计规范》(GB 50050—2017)规定的间冷开式系统设计浓缩倍率不宜小于 5.0,且不应小于 3.0 的要求。

$$N = Q_x / (Q_b + Q_w) \tag{1-1}$$

式中: N 为浓缩倍率; Q_x 为补水量, m^3/h; Q_b 为排污水量, m^3/h; Q_w 为风吹损失水量, m^3/h。

察尔汗重大产业基地内现状企业存在新老项目。老项目的循环水系统受换热材质限制,浓缩倍率按照 $N=4$ 进行核定;金属镁一体化项目的循环水浓缩倍率按照初步设计值 $N=5$ 进行核定。如果循环水系统的补水均来自脱盐水,则循环水的补水近似等于循环水系统的蒸发风吹损失量,排污量近似为 0。

2. 风吹损失率

《工业循环水冷却设计规范》(GB/T 50102—2014)规定机械通风塔风吹损失不高于循环水量的 0.1%。在现代间冷开式循环水系统的机力冷却塔中均加装有除水器,根据以往测试资料,风吹损失往往不会超过循环水量的 0.05%。

察尔汗重大产业基地现状企业的间冷开式循环水系统的机力冷却塔风吹损失按照循环水量的 0.1% 来复核。

3. 蒸发损失率

按照《工业循环水冷却设计规范》(GB/T 50102—2014)中循环冷却水系统蒸发损失率的推导计算公式如下:

$$P_1 = K \cdot \Delta t \quad (\%) \tag{1-2}$$

式中: P_1 为蒸发损失率(%); K 为与环境温度有关的系数, $1/℃$,见表 1-1; t 为冷却塔进出口水温差, ℃。

表 1-1　系数 K 值

进塔气温(℃)	-10	0	10	20	30	40
$K(1/℃)$	0.000 8	0.001 0	0.001 2	0.001 4	0.001 5	0.001 6

根据格尔木气象站资料,格尔木多年平均气温 5.1 ℃,则系数 K 值为 0.001 1,据此推算出循环水系统不同温差条件下的蒸发损失率(见表 1-2)。

本次察尔汗重大产业基地内已建项目的间冷开式循环水系统的机力冷却塔蒸发损失量可查表 1-2,根据表中系数乘以循环水量得出。

表 1-2 察尔汗重大产业基地各装置循环水系统不同温差条件下的蒸发损失率

序号	循环水系统进出口温差（℃）	系数 K 值（1/℃）	循环水系统对应的蒸发损失率（％）	循环水系统的风吹损失率（％）
1	14	0.001 1	1.54	1.64
2	12	0.001 1	1.32	1.42
3	11	0.001 1	1.21	1.31
4	10	0.001 1	1.10	1.20
5	9	0.001 1	0.99	1.09
6	8	0.001 1	0.88	0.98
7	7	0.001 1	0.77	0.87
8	6	0.001 1	0.66	0.76

1.2.2.9 用水水平评价

1. 指标选取

根据《节水型企业评价导则》（GB/T 7119—2006）、《工业循环水冷却设计规范》（GB/T 50102—2014）、《企业水平衡测试通则》（GB/T 12452—2008）、《用水指标评价导则》（SL/Z 552—2012）相关规定，本次主要选取了单位产品新水量、水重复利用率、间接冷却水循环率、循环水浓缩倍率、废水回用率、新水利用系数、企业内职工人均日用新水量等多项指标，分别分析察尔汗重大产业基地内现状企业采取节水措施前后的的用水水平。

2. 评价标准

以《青海省行业用水定额》（DB63/T 1429—2015）、《节水型企业评价导则》（GB/T 7119—2006）、《建筑给水排水设计规范》（GB 50015—2010）、《工业循环水冷却设计规范》（GB/T 50102—2014）、《国家节水型城市考核标准》（建城〔2012〕57 号）和现行的清洁生产标准、行业准入条件等，作为用水水平评价标准。

第2章　察尔汗重大产业基地概况

2.1　察尔汗重大产业基地总体布局

察尔汗重大产业基地是格尔木工业园的两大产业基地之一,总体定位为世界级的盐湖"生态镁锂钾园"。

格尔木工业园是柴达木循环经济试验区的核心区和主战场,也是重点建设的四大循环经济工业园之一,具有重要的战略意义。园区的总体定位为:世界一流的盐湖化工基地;国家战略资源储备和加工基地;中国西部重要的钾肥、油气化工、有色金属炼制基地;柴达木循环经济试验区核心产业园区;格尔木市综合性产业集中区生产性服务核心区,改革开放的窗口,运用科技成果的基地和经济发展的重要引擎。格尔木工业园由察尔汗重大产业基地和昆仑重大产业基地组成,规划面积 120 km^2,其中察尔汗重大产业基地 75 km^2、昆仑重大产业基地 45 km^2。

格尔木工业园产业布局总体形成"两大产业基地,七大产业组团,两个物流中心"的空间布局结构:

(1)两大产业基地。察尔汗重大产业基地以盐湖化工产业为主导;昆仑重大产业基地以油气化工、金属冶金、新型煤化工、新材料等产业为主导。

(2)七大产业组团。其中,察尔汗重大产业基地有两大产业组团:钾盐产业组团、金属镁一体化产业组团;昆仑重大产业基地有五大产业组团:油气化工产业组团、金属冶金及协作配套产业组团、新型煤化工产业组团、新材料产业组团、综合配套产业组团。

(3)两个物流中心。指察尔汗基地物流中心、昆仑基地物流中心。

2.1.1　规划简述

察尔汗重大产业基地具体定位包括国家级循环经济示范区核心区、世界重要的镁工业基地、世界新兴的锂工业基地、世界较大影响力的钾工业基地、世界重要的熔盐基地。

察尔汗重大产业基地位于格尔木市城区东北部,见图 2-1,基地总体规划面积为 75 km^2,其中青藏铁路路东规划面积 40 km^2、路西规划面积 35 km^2。察尔汗重大产业基地重点发展镁盐化工、锂盐化工、钾盐化工 3 大产业方向,精心培育钠盐化工、氯碱/气煤化工、盐湖特色化工等 3 个综合利用产业方向,培育和配套发展现代物流和工业旅游,形成察尔汗重大产业基地产业相互融合、循环闭合的循环经济产业体系。

2.1.2　循环经济产业链阐述

察尔汗重大产业基地盐湖化工重点发展镁盐、锂盐、钾盐主导产业,盐湖资源综合利用,其他配套产业 3 大产业方向,形成察尔汗重大产业基地特色盐湖产业体系。察尔重

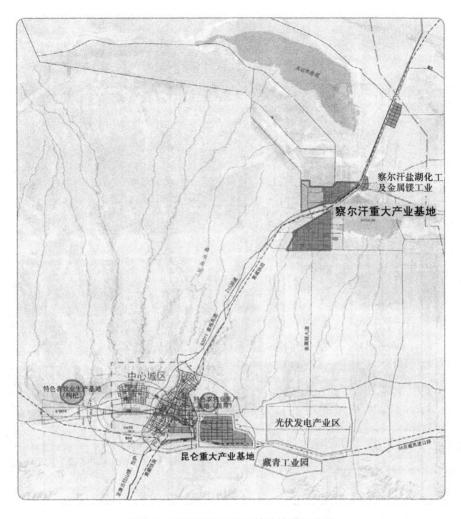

图 2-1　察尔汗重大产业基地位置示意图

大产业基地产地体系构建图见图 2-2。

2.1.2.1　主导产业

1. 镁盐产业

1）发展思路

以市场需求为导向，以科技研发为引领，遵循循环经济发展模式，着重于镁产品的高值化和精细化，重点发展重要战略物资高端氧化镁及其下游系列产品，促进镁盐产品向系列化、专用化、功能化、超细化方向发展。同时，充分利用茫崖地区石棉尾矿中的镁资源，并结合新材料产业，积极培育镁系新材料产品。

2）发展目标

充分利用盐湖丰富的镁资源，以盐湖集团金属镁一体化项目为依托，加快镁资源开发，发展成为国家重要的金属镁及镁合金产业基地。到 2025 年，金属镁一体化项目一期 10 万 t 金属镁建成投产，新建二期 30 万 t 金属镁项目及 10 万 t 高纯氢氧化镁项目，金属镁总产能达到 10 万 t，高纯氢氧化镁产能达到 10 万 t；开发高纯镁砂 3 万 t，氢氧化镁阻燃

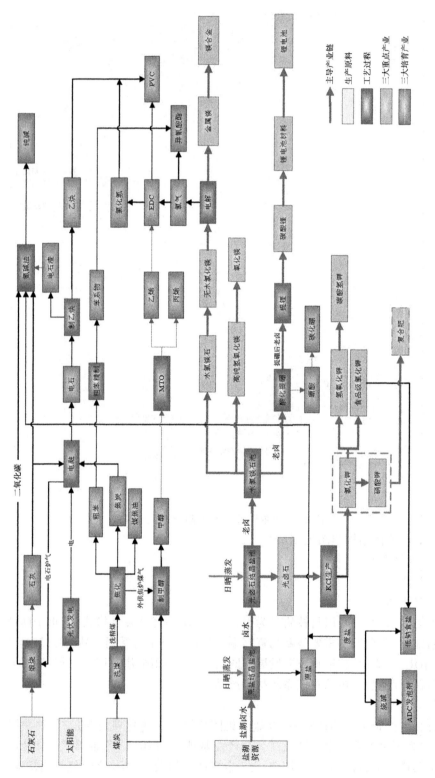

图 2-2 察尔汗重大产业基地产地体系构建图

剂 5 万 t。到 2025 年,金属镁一体化项目 40 万 t 金属镁、氢氧化镁晶须、碳酸镁晶须等项目全部建成。

3)发展重点

以青海盐湖集团金属镁一体化项目为核心,以镁盐系列产品为补充,大力开展氯化钾生产过程中所产生的"废液"老卤资源的综合利用,重点发展金属镁及镁合金产品,补充开发氢氧化镁、碳酸镁产品,形成"一主二辅"产品体系。同时,与煤基化工、盐化工、油气化工等产业横向耦合,构建以氯化镁资源为基础的循环经济产业体系。

4)发展产品及产业链构建

重点打造水氯镁石—高端氧化镁—食品级/医药级氧化镁、水氯镁石—高端氧化镁—镁砂系列、水氯镁石—高端氧化镁—硅钢级氧化镁、水氯镁石—无水氯化镁—金属镁—镁基合金/镁锂合金、水氯镁石—氢氧化镁—镁基阻燃剂—镁基耐火材料、水氯镁石—高纯碳酸镁等产业链条。

2.锂盐产业

1)发展思路

充分发挥当地气候干燥、光照充足的自然优势,以市场需求为导向,统一规划,打破现在各自为政的体制机制约束,利用好青海省循环经济可持续发展基金,突破关键技术和关键材料,以现已形成的碳酸锂生产能力为基础,加强技术合作与创新,采用先进工艺装备,扩大碳酸锂生产规模和产品档次,进一步发展锂系列下游产品,打造锂资源开发全产业链,为青海省构建千亿元锂电产业基地提供可靠支撑。

2)发展目标

以现有三家碳酸锂生产企业为基础,继续加大科技研发投入,不断完善高镁锂比卤水提锂工艺技术,着力引进大型锂离子电池、锂电池深加工企业,积极与基地现有企业联合发展。到 2025 年,通过不断拓宽产品种类,提高产品加工深度,产业环境不断优化,科技进步和技术创新水平不断提高,继续提高碳酸锂产量,到 2025 年碳酸锂达到 8 万 t/a,并大力发展锂离子电池正极材料,锂盐产业总值达到 40 亿元以上。到 2030 年,碳酸锂产量达到 9 万 t/a,建成锂电池企业 3 家以上,突破一批高容量、高性能锂电池生产技术,产业总产值达到 50 亿元,把格尔木打造成为国内最大、世界知名的大型锂产品生产基地。

3)发展重点

重点发展锂精细化学品、锂合金、锂能源材料等系列产品。

4)发展产品及产业链构建

重点打造碳酸锂—高纯碳酸锂—锂电池材料系列产品—锂离子电池系列产品、碳酸锂—高纯氯化锂—金属锂—锂合金/锂镁合金等产业链条。

3.钾盐产业

1)发展思路

以满足我国农业发展的战略需求为导向,以青海盐湖集团为龙头,巩固其作为国家钾肥生产基地的战略地位,在控制钾肥生产总产能基础上,走挖潜改造、余热利用、资源高附加值利用之路,进一步提高钾收率,逐步实现产品多元化,促进钾资源开发向精细化、小批量、多品种发展。

2)发展目标

以提高盐湖钾资源的利用率和综合利用水平为目标,加强钾肥生产中工艺控制、关键设备及浮选药剂等关键技术的研发与应用,到2025年,氯化钾总产值达到180亿元。产品结构调整取得明显进展,氯化钾下游深加工产品总产值达到50亿元;资源综合利用自主创新工艺技术取得进展,绿色高效工艺和节能减排技术得到广泛应用。着力打造全球最大的钾肥生产基地及国内重要的钾盐工业基地。到2030年,稳定钾盐产业规模,氯化钾总产量达到800万t,进一步提高精深加工产品比重达到35%以上,产业总产值达到330亿元。

3)发展重点

围绕加快固体钾盐的开发利用,加快含钾尾矿的综合利用,加快制定盐湖开发总体规划,重点发展碳酸钾、氢氧化钾、硝酸钾等传统钾系列产品,积极发展高纯工业氯化钾、食品级和医药级氯化钾、碳酸氢钾等食品级、精细化钾系列产品,以需定产适度发展硝酸钾储热熔盐产品。

4)发展产品及产业链构建

重点打造氯化钾—颗粒氯化钾、高纯工业氯化钾—食品级和医药级氯化钾—低钠盐、氯化钾—氢氧化钾—硝酸钾/碳酸钾—复合肥/水溶专用肥、硫酸钾—颗粒硫酸钾、硫酸钾镁肥等产业链条。

2.1.2.2　盐湖资源综合利用产业

1.钠盐产业

1)发展思路

以产业政策为依据,以发展循环经济为理念,依托察尔汗丰富的原盐、天然碱、芒硝等矿产资源,适度承接"东碱西移"战略,积极发展高端精细化产品,大力发展尾盐综合利用,并与新能源、新材料产业相结合,加大对湖盐下游产品的开发,延伸产业链条,提升盐湖化工产业档次。

2)发展目标

依据察尔汗盐湖及东西台吉乃尔盐湖原盐资源禀赋,在察尔汗重大产业基地发展现状的基础上遵循产业基地发展思路和发展模式,合理布局项目,提高产业集中度,到规划期末,钠盐化工产业实现总产值50亿元以上,实现税金5亿元以上。

3)发展重点

重点发展食盐、纯碱及下游精细化产品。食盐大力发展低钠盐、营养功能盐产品,纯碱下游重点发展食用纯碱、合成洗涤剂等产品。

4)发展产品及产业链构建

重点打造尾盐—氯化钠—纯碱—硅酸钠/偏硅酸钠—光伏/光热用玻璃、尾盐—氯化钠—纯碱—精细化工产品、尾盐—氯化钠—金属钠、尾盐—氯化钠—烧碱—双乙酸钠等产业链条。

2.氯碱/气煤产业

1)发展思路

按照循环经济发展模式,围绕盐湖资源综合开发利用战略,以优化提升产品结构为发展方向,以平衡盐湖资源综合利用副产氯气、氯化氢气体为核心,结合油气化工与新型煤化工,同步发展耗氯产品,重点发展聚氯乙烯(PVC)、氯化聚氯乙烯(CPVC)、聚偏二氯乙烯(PVDC)、氯化聚乙烯(CPE)、ADC 发泡剂等产品,积极发展环氧氯丙烷、二氯乙烷及其共聚物、DSD 酸、甲烷氯化物、含氯中间体等产品。

2)发展产品及产业链构建

PVC 产业链:利用 MTO 项目乙烯产品,采用 EDC 法发展 PVC 产品。同时,综合利用 EDC 工艺副产的氯化氢(HCl)产品,通过电石乙炔法发展 PVC 产品。延伸产链条,引进 PVC 树脂改性技术,大力发展耐冲击 PVC 板材及管材专用树脂、高流动性注塑级 PVC 专用树脂、耐热电子电器专用树脂、阻燃抑烟无铅钙 PVC 电线电缆复合专用树脂等产品,打造多样化 PVC 树脂产品体系。向下游大力发展聚氯乙烯塑料门窗、节能材料等 PVC 异型材、电线电缆、PVC 管材、PVC 膜、PVC 板材产品。适度发展 CPVC 产品及低密度、中密度泡沫产品,延伸发展 CPVC 管材、管接头产品,构建氯气—氯乙烯—聚氯乙烯—氯化聚氯乙烯—异型材/管材/板材/泡沫产业链条。

乙炔产业:以综合利用氯化氢为目的,充分发挥格尔木丰富的太阳能清洁电力资源,发展电石—乙炔产品,并倒逼产业发展煤炭焦化、石灰生产项目,形成煤炭/石灰石—焦炭/石灰—电石—乙炔—聚氯乙烯产业链条。综合利用焦炉煤气、电石炉气发展甲醇产品,并向下游发展碳酸二甲酯、环丙沙星、卡巴、甲醛、聚甲醛、乌洛托品产品,实现产品循环利用;利用乙炔生产过程中产生的电石渣副产物,采用氨碱法发展纯碱产品,并副产氯化钙产品,为镁盐产业、锂盐产业、钠盐产业、煤化工产业发展提供原材料。

其他耗氯产品:充分利用本地油气化工、煤化工产品与氯气产品的良好组合,大力发展异氰酸酯[二苯基甲烷二异氰酸酯(MDI)、甲苯二异氰酸酯(TDI)、六亚甲基二异氰酸酯(HDI)、异佛尔酮二异氰酸酯(IPDI)]、硝基氯苯、氯化苯等产品,并向下游开发防老剂 B、4010NA、4020、4030 系列橡胶防老剂,维生素 B1、安妥明、扑热息痛、氟哌酸等医药产品,发展精细化工产品。另外,开发聚苯硫醚(PPS)、氯化聚乙烯、氯化聚丙烯、氯丁橡胶等高分子化合物及氯化聚合物产品,实现产业融合发展,为新材料产业发展提供原材料。

3. 盐湖特色化工产业

1)发展思路

加强对资源综合利用重要性的认识,深入开展资源综合利用工作,加快特色资源综合利用基础理论研究,重点突破溴、碘、铷资源提取及硼的深加工利用,进一步提高盐湖资源的综合利用效率,重点发展硼资源开发及深加工,逐步培育溴、碘、铷资源开发利用,不断提高资源开发经济效益,围绕格尔木盐湖化工建设,走出一条全面、协调、高效的可持续开发之路。

2)发展目标

发挥盐湖资源优势,以资源综合利用为目的,加快回收利用硼、溴、碘、铷资源,力争到 2025 年年末,实现工业总产值 12 亿元以上,利税 1 亿元;到 2030 年年末,工业总产值达到 25 亿元,利税 2.5 亿元以上。

3)发展重点及产业链构建

硼产业链:以东西台吉乃尔盐湖伴生硼资源开发为重点,大力发展硼酸、硼砂产品。

不断引进及开发新技术,延伸产链条,逐步发展碳化硼、钾硼氢、氮化硼、氯化硼及硼镁肥等产品,打造硼产业链条。

溴、碘、铷产业:加大技术研发投入,加快溴、碘、铷资源综合利用基础理论及技术研究,开展本地盐湖提钾老卤空气吹出法、树脂吸附法、气态膜法、乳状液膜法提溴技术工业化研究及提碘、提铷工业技术方法研究,努力开发盐湖卤水提取溴、碘、铷元素新技术,培育溴、碘、铷深加工企业,实现溴、碘、铷资源综合高效利用。

2.1.2.3　其他配套产业

1. 现代物流业

1)发展思路

围绕盐湖化工产业,构建以工业原材料、工业制成品等大宗商品的仓储、运输、配送等功能为基础的察尔汗重大产业基地现代工业物流体系。近期以配套企业自用物流为目标,不断加快铁路专线、装卸站台、标准化仓储厂房等物流基础设施建设,实现各项基本物流功能的配套完善。远期积极引进第三方物流企业,为基地各企业提供专业化的物流服务,形成区域工业物流中心。

2)发展重点

(1)工业品物流。

依托察尔汗重大产业基地各重点企业发展对物流的需求,立足工业大宗产品外运需求,大力发展工业品物流。在此基础上,进一步辐射周边地区及我国西部地区,建成专业的工业物流中心。重点发展装卸、标准化仓储、配送、运输、多式联运等物流业务。

(2)化工产品物流。

依托格尔木市及周边地区盐湖化工产业,发展专业性较强的化工产品物流,积极发展专业化工产品的仓储和配送业务,其中包含危险品仓储和配送。

2. 工业旅游

工业旅游的发展思路为:依托察尔汗盐湖地质景观,结合格尔木盐湖化工企业50年的开发历史和工业旅游开发模式,借力盐湖企业文化的推介,重点从盐湖休闲观光、特定工艺观光和修学教育培训三方面对盐湖旅游资源进行深度开发,形成从游览观光的传统模式到商务管理体验的新兴旅游产品模式,使游客在游览过程中学习企业的管理经验,提升企业经营者的管理水平。通过对盐湖文化的深入挖掘和重点旅游项目的打造,吸引更多游客,构建以察尔汗盐湖为中心的青海盐湖工业文化旅游圈。

发展重点为盐湖休闲观光、特定工艺观光、修学教育培训。

2.2　察尔汗重大产业基地现状企业概况

察尔汗重大产业基地现状以青海盐湖工业股份有限公司为主导,根据现场查勘调研,基地内现状建成或在建项目共37个,其中35个项目为盐湖集团所属,其余2个分别为格尔木市察尔汗工业园社会功能服务区项目和察尔汗城镇物流园区项目,分属格尔木市察尔汗行政委员会和青海省运输集团有限公司,详见表2-1。

表 2-1　察尔汗重大产业基地现状项目统计

序号	公司名称	项目名称	建设规模	现状规模	建设情况
1		金属镁一体化项目10万 t/a 金属镁装置	年产金属镁10万 t	未变更	2016年6月建成，2016年7月进入试车阶段
2		金属镁一体化项目配套100万 t/a 甲醇装置	年产甲醇100万 t	未变更	2013年2月开工建设，2016年10月1日投料试车，预计正式投产年限计划为2018年1月
3		金属镁一体化项目配套100万 t/a 甲醇制烯烃装置	年产甲醇制烯烃100万 t	未变更	2012年开始建设，2015年12月建成，2016年11月开始试车，目前还未正式运行
4		金属镁一体化项目50万 t/a 聚氯乙烯装置	年产聚氯乙烯树脂50万 t	未变更	2012年已开始初步设计，2016年9月底开始试车
5		金属镁一体化项目配套30万 t/a 乙烯法 PVC 装置	年产聚氯乙烯树脂30万 t	未变更	2016年年底建成，2017年进入试车阶段
6	青海盐湖镁业有限公司	金属镁一体化项目配套16万 t/a 聚丙烯装置	年产聚丙烯16万 t	未变更	2013年3月1日开工建设，2017年4月进入试车阶段，目前还未正式运行
7		金属镁一体化项目配套80万 t/a 电石装置	年产电石80万 t	未变更	2011年11月开工建设，计划2017年6月底进入试车阶段
8		金属镁一体化项目配套240万 t/a 焦化装置	年产干全焦240万 t	未变更	2016年建成，现状处于试车阶段
9		金属镁一体化项目新增30万 t/a 钾碱装置	年产钾碱30万 t	未变更	2014年7月开始建设，2016年建设完成，2017年1月开始试车
10		金属镁一体化项目100万 t/a 纯碱装置	年产纯碱100万 t	年产纯碱120万 t	2011年10月16日开工建设，2014年8月6日试车成功，2014年9月19日正式运行
11		金属镁一体化项目配套400万 t/a 选煤装置	年产选煤400万 t	未变更	选煤厂于2011年8月开工，2014年7月进入试生产，还未正式投产
12		青海海镁特镁业有限公司年产5.6万 t 镁合金项目	年产镁合金5.6万 t	未变更	2016年5月一期工程完成热试车，预计二期工程在2017年完成

续表 2-1

序号	公司名称	项目名称	建设规模	现状规模	建设情况
13	青海盐湖工业股份有限公司化工分公司	青海盐湖工业股份有限公司100万t/a钾肥综合利用工程	年产氢氧化钾6万t	未变更	2006年3月开始建设,2010年6月竣工
			年产碳酸钾7.2万t	未变更	2008年3月开始建设,2010年10月竣工
			年产天然气乙炔4.5万t	未变更	2006年10月开始建设,2009年12月竣工
			年产聚氯乙烯(PVC)10万t	未变更	2007年10月开始建设,2009年10月竣工
			年产合成氨19万t	未变更	2005年9月开始建设,2010年11月竣工
			年产尿素33万t	未变更	2007年10月开始建设,2010年11月竣工
			年产甲醇10万t	未变更	2007年6月开始建设,2009年10月竣工
			年产湿法电石制乙炔(开车用)2.5万t	未变更	2008年7月开始建设,2009年7月竣工
14		青海盐湖工业股份有限公司综合利用项目二期工程	年产氢氧化钠10万t	年产氢氧化钾10万t	2006年3月开始建设,2010年6月竣工
			年产乙炔5万t	未变更	2006年10月开始建设,2009年12月竣工
			年产氯乙烯(VCM)12万t	未变更	2007年6月开始建设,2010年6月竣工
			年产聚氯乙烯(PVC)12万t	未变更	2007年10月开始建设,2009年10月竣工
			年产合成氨30万t	未变更	2005年9月开始建设,2010年11月竣工
			年产尿素33万t	未变更	2007年10月开始建设,2010年11月竣工

续表 2-1

序号	公司名称	项目名称	建设规模	现状规模	建设情况
15	青海盐湖工业股份有限公司钾肥分公司	40 万 t/a 氯化钾项目	年产氯化钾 40 万 t	年产氯化钾 60 万 t	1986 年建设,1999 年正式投产
16		100 万 t/a 氯化钾项目	年产氯化钾 100 万 t	年产氯化钾 150 万 t	2000 年建设,2005 年正式投产
17		新增 100 万 t/a 氯化钾项目	年产氯化钾 100 万 t	年产氯化钾 180 万 t	2011 年建设,2014 年正式投产
18		钾肥装置挖潜扩能改造工程	年产氯化钾 150 万 t	年产氯化钾 150 万 t	2014 年建设,2015 年正式投产
19	青海盐湖硝酸盐业股份有限公司	原青海盐湖元通钾盐综合利用项目	年产硝酸钾 20 万 t	未变更	2007 年建设,2015 年 11 月 2 日达标生产
20		原青海盐湖元通 19 万 t/a 硝酸铵溶液项目	年产硝酸铵 19 万 t	未变更	2011 年 7 月建设,2009 年完工,未投产
21		原文通 20 万 t/a 硝酸钾项目	年产硝酸钾 20 万 t	年产硝酸钠 20 万 t	2015 年 6 月建设,2016 年 6 月完工,未投产
22	青海盐湖海虹化工有限公司	10 万 t/a ADC 发泡剂一体化工程	年产 ADC 发泡剂 10 万 t	未变更	2008 年开始建设,2009 年完工,2010 年 10 月进行初步试运行工作,2011 年正式投产
23	青海盐湖蓝科锂业股份有限公司	年产 10 000 t 高纯优质碳酸锂项目	年产碳酸锂 1 万 t	未变更	2007 年开始建设,2008 年 9 月正式投产
24	青海盐云钾盐有限公司	5.5 万 t/a 氯化钾技改扩能项目	年产氯化钾 5.5 万 t	年产氯化钾 6 万 t	1994 年 5 月开始建设,1994 年 8 月开始试车
25	青海盐湖元通钾肥有限公司	原青海盐湖三元 20 万 t/a 氯化钾项目	年产氯化钾 20 万 t	年产氯化钾 60 万 t	2005 年开始建设,2006 年 5 月投产
26		40 万 t/a 氯化钾扩能改造项目	年产氯化钾 40 万 t		2008 年改扩建,2012 年 9 月建成并投入试运行
27	青海盐湖晶达科技股份公司	4 万 t/a 兑卤氯化钾项目	年产氯化钾 4 万 t	年产氯化钾 4.5 万 t	1998 开始建设,1998 年 9 月正式投产
28		3 000 t/a 纳浮选剂项目	年产钠浮选剂 3 000 t	未变更	2016 年 10 月 20 日正式开工建设至今
29		2 000 t/a 防结块剂项目	年产防结块剂 2 000 t	未变更	2016 年 10 月 20 日正式开工建设至今

续表 2-1

序号	公司名称	项目名称	建设规模	现状规模	建设情况
30	青海盐湖三元钾肥股份有限公司	10 万 t/a 精制氯化钾项目	年产氯化钾 10 万 t	年产氯化钾 16 万 t	2009 年正式开工建设,2011 年 5 月试车成功
31		7 万 t/a 氯化钾项目	年产氯化钾 7 万 t	年产氯化钾 12 万 t	1996 年 10 月建成投产,1998 年在 4 万 t 钾肥项目已有的公用设施基础上扩建了 3 万 t/a 氯化钾生产项目
32	青海盐湖工业股份有限公司采矿服务分公司	采矿服务分公司	—	—	2006 年建设完工,2013 年下半年正式投产
		青海省察尔汗盐田采补平衡引水枢纽工程	设计引水 17 700 万 m³	实际年引水 3 000 万 m³	2006 年 4 月开工建设,2007 年 10 月建设完成,2013 年正式使用
33	青海盐湖新域资产管理有限公司	年产 100 万 t 水泥粉磨生产线项目	年产水泥粉磨 100 万 t	未变更	2012 年 7 月开工建设,2013 年 12 月 6 日试运行
34	格尔木市察尔汗行政委员会	格尔木市察尔汗工业园社会功能服务区项目	—	—	未建成
35	青海省运输集团有限公司	察尔汗城镇物流园区项目	—	—	未建成
36	青海盐湖机电装备制造有限公司	金属镁一体化装备制造园非标设备制造项目	—	—	2013 年建成
37	青海盐湖工业股份有限公司物资供应分公司	仓储物流中心一期工程项目	—	—	2013 年 3 月建设,2014 年 6 月完工

由表 2-1 可知,园区内主要的企业有青海盐湖工业股份有限公司钾肥分公司(简称钾肥公司)、青海盐湖工业股份有限公司采矿服务分公司(简称采矿公司)、青海盐湖工业股份有限公司化工分公司(简称化工公司)、青海盐湖镁业有限公司(简称镁业公司)、青海盐湖晶达科技股份有限公司(简称科技公司)、青海盐湖海虹化工有限公司(简称海虹公司)、青海盐湖蓝科锂业股份有限公司(简称蓝科锂业公司)、青海盐湖三元钾肥股份有限公司(简称三元公司)、青海盐湖元通钾肥有限公司(简称元通公司)、青海盐云钾盐有限公司(简称盐云公司)、青海盐湖硝酸盐业股份有限公司(简称硝酸盐业公司)、青海盐湖工业股份有限公司物资供应分公司(简称物资公司)、综合开发分公司(简称综开公司)等。

从产值来看,近半数规模以上企业年产值过亿元,其中过百亿元企业 1 户。

2.3 现状各企业取水许可手续合法性

2.3.1 取水许可手续

现状察尔汗重大产业基地盐湖集团各公司已持有取水许可证情况统计见表 2-2,已取得水资源论证批复但未办理取水许可证的项目统计见表 2-3。

表 2-2 察尔汗重大产业基地盐湖集团各公司已持有取水许可证情况统计

序号	取水权人名称	许可文号	持证单位	许可水量(m^3/a)	水源类型
1	青海盐湖元通钾肥有限公司	取水格尔木水〔2008〕第 004 号	元通公司	350 万	地表水,西河咸水
2	青海盐湖工业股份有限公司	取水青海水〔2015〕第 001 号	化工公司	1 118.4 万	地下水,西水源
3	青海盐湖工业股份有限公司	取水青海水〔2008〕第 001 号	化工公司	1 200 万	地下水,东水源
4	青海盐湖工业股份有限公司	取水青海水〔2009〕第 030 号	钾肥公司	600 万	地下水,西水源
5	青海盐湖发展有限公司(现钾肥公司)	取水格尔木水字〔2011〕第 00103 号	钾肥公司	201 万	地表水,西河咸水
6	青海盐湖工业股份有限公司	青字〔2007〕第 25 号	采矿公司	17 700 万	地表水,那河
7	青海盐湖工业股份有限公司	取水青格字〔1999〕第 00105 号	科技公司	6 万	地表水,西河咸水
合计	—	—	—	2 918.4 万地下水;557 万格尔木河咸水;17 700 万那河引水	—

表 2-3 察尔汗重大产业基地盐湖集团各公司已取得水资源论证批复情况统计

序号	公司	项目名称	批复文号	批复水量（万 m³/a）
1	蓝科锂业公司	年产 10 000 t 高纯碳酸锂项目	《青海省水利厅关于青海盐湖蓝科锂业股份有限公司年产 10 000 t 高纯碳酸锂项目水资源论证报告书的批复》（青水资〔2009〕226 号,2009-03-24）	地下水 231；格尔木河咸水 433
2	硝酸盐业公司	原元通综合利用项目	《青海省水利厅关于青海盐湖元通综合利用项目水资源论证报告书的批复》（青水资〔2007〕432 号,2007-11-19）	西水源 520.6
3	镁业公司	100 万 t/a 纯碱装置	《青海省水利厅关于青海盐湖工业集团股份有限公司金属镁一体化项目纯碱配套项目水资源论证报告书的批复》（青水资〔2011〕793 号,2011-10-23）	西水源 940.08；格尔木污水处理厂中水 463.92
4		10 万 t/a 氯化钙装置		
5		10 万 t/a 金属镁装置	《青海省水利厅关于青海盐湖工业集团股份有限公司金属镁一体化项目金属镁配套项目水资源论证报告书的批复》（青水资〔2011〕794 号,2011-10-23）	西水源 1 202.64
6		100 万 t/a 甲醇装置		
7		100 万 t/a MTO 制烯烃装置		
8		400 万 t/a 选煤装置	《青海省水利厅关于青海盐湖工业集团股份有限公司金属镁一体化项目金属镁配套项目水资源论证报告书的批复》（青水资〔2011〕794 号,2011-10-23）	西水源 1 048.2
9		240 万 t/a 焦化装置		
10		80 万 t/a 电石装置		
11		50 万 t/a PVC 装置		
12	海虹公司	10 万 t/a ADC 发泡剂一体化工程	《青海省水利厅关于青海盐湖海虹股份有限公司 10 万 t/a ADC 发泡剂一体化工程水资源论证报告书的批复》（青水资〔2009〕228 号 2009-03-24）	西水源 370.1；化工公司除盐水 260.6
合计		—	—	地下水 4 312.62；格尔木河咸水 433；中水 463.92；化工公司除盐水 260.6

根据表 2-2 和表 2-3,察尔汗重大产业基地项目持有的取水许可和水资源论证批复水量统计见表 2-4。经统计,察尔汗重大产业基地盐湖集团所持有的取水许可和水资源论证批复水量为:地下水 7 231.02 万 m³/a;格尔木河咸水 990 万 m³/a;除盐水 260.6 万 m³/a;格尔木市污水处理厂中水 463.92 万 m³/a;察尔汗盐湖采补平衡引水工程引水 17 700 万 m³/a(那棱格勒河)。

表2-4　盐湖集团持有取水许可和水资源论证批复水量统计

序号	水源类型	持有取水许可水量（万 m³/a）	水资源论证批复水量（万 m³/a）	合计（万 m³/a）
1	地下水	2 918.4	4 312.62	7 231.02
2	格尔木河咸水	557	433	990
3	除盐水	—	260.6	260.6
4	格尔木市污水处理厂中水	—	463.92	463.92
5	那棱格勒河引水	17 700	—	17 700
	总计	21 175.4	5 470.14	26 645.54

根据调查,现状察尔汗重大产业基地内单独立项且未依法办理取水许可手续或者开展水资源论证工作的建成项目或设施共17个,其中盐湖集团15个、其他企业2个,统计见表2-5。

表2-5　察尔汗重大产业基地内未办理论证和取水许可手续的项目统计

序号	公司名称	项目名称	建设情况
1	青海盐湖镁业有限公司	金属镁一体化项目配套30万 t/a 乙烯法 PVC 装置	2016 年年底建成,2017 年进入试车阶段
2		金属镁一体化项目配套16万 t/a 聚丙烯装置	2013 年3月1日开工建设,2017 年4月进入试车阶段
3		金属镁一体化项目新增30万 t/a 钾碱装置	2014 年7月开始建设,2017 年1月开始试开车
4		青海海镁特镁业有限公司年产5.6万 t 镁合金项目	2016 年5月一期工程完成热试车,预计二期工程在2017 年完成
5	青海盐湖硝酸盐业股份有限公司	原元通19万 t/a 硝酸铵溶液项目	2011 年7月建设,2009 年完工,未投产
6		原文通20万 t 硝酸钾项目	2015 年6月建设,2016 年6月完工,未投产
7	青海盐云钾盐有限公司	5.5万 t 氯化钾技改扩能项目	1994 年5月开始建设,1994 年8月开始试车
8	青海盐湖元通钾肥有限公司	40万 t/a 氯化钾扩能改造项目	2008 年改扩建,2012 年9月建成并投入试运行
9	青海盐湖晶达科技股份公司	3 000 t/a 纳浮选剂项目	2016 年10月正式开工建设至今
10		2 000 t/a 防结块剂项目	
11	青海盐湖三元钾肥股份有限公司	10万 t/a 精制氯化钾项目	2009 年正式开工建设,2011 年5月试车成功
12		7万 t/a 氯化钾项目	1996 年10月建成投产,1998 年在4万 t 钾肥项目已有的公用设施基础上扩建了3万 t/a 氯化钾生产项目

续表 2-5

序号	公司名称	项目名称	建设情况
13	青海盐湖新域资产管理有限公司	年产 100 万 t 水泥粉磨生产线项目	2012 年 7 月开工建设,2013 年 12 月试运行
14	格尔木市察尔汗行政委员会	格尔木市察尔汗工业园社会功能服务区项目	2016 年 11 月批复立项
15	青海省运输集团有限公司	察尔汗城镇物流园区项目	2016 年 1 月批复立项
16	青海盐湖机电装备制造有限公司	金属镁一体化装备制造园非标设备制造项目	2013 年建成
17	青海盐湖工业股份有限公司物资供应分公司	仓储物流中心一期工程项目	2013 年 4 月 27 日备案

2.3.2　存在问题及建议

(1)青海盐湖晶达科技股份公司 2 000 t/a 防结块剂项目未办理立项、环评和水资源论证等前期手续,属于非法建设项目,建议尽快补办立项、环评和水资源论证手续。

(2)青海海镁特镁业有限公司年产 5.6 万 t 镁合金项目、格尔木市察尔汗工业园社会功能服务区项目、青海省运输集团有限公司察尔汗城镇物流园区项目、青海盐湖工业股份有限公司物资供应分公司仓储物流中心一期工程项目等 4 个项目缺少环评和水资源论证手续,属于违规建设项目,建议尽快补办相关手续。

(3)察尔汗重大产业基地目前青海盐湖工业股份有限公司持有取水许可证许可水量为地下水 2 918.4 万 m^3/a、格尔木河咸水 557 万 m^3/a,那棱格勒河地表水 17 700 万 m^3/a。从察尔汗重大产业基地内各企业 2014～2016 年实际取水量统计来看,近几年青海盐湖工业股份有限公司存在地下水超指标取水、格尔木河咸水超指标取水和违规向其他未办理水资源论证或取水许可手续项目供水等问题。

此外,青海盐湖蓝科锂业股份有限公司年产 10 000 t 高纯优质碳酸锂项目、青海盐湖海虹化工有限公司 10 万 t/a ADC 发泡剂一体化工程、青海盐湖硝酸盐业股份有限公司原元通钾盐综合利用项目和青海盐湖镁业有限公司金属镁一体化项目这 4 个项目已取得水资源论证批复文件,鉴于此 4 个项目已经建成取水,按照《取水许可管理办法》(水利部令第 34 号)要求,盐湖集团应尽快到水行政主管部门申请现场取水核验,办理取水许可证后方可合法取水。

(4)察尔汗重大产业基地内现状未依法办理取水许可手续或者开展水资源论证工作的建成企业或设施共 17 个,其中盐湖集团所属企业 15 个、格尔木市察尔汗行政委员会 1 个、青海省运输集团有限公司 1 个。

此外,盐湖集团所属的青海盐云钾盐有限公司 5.5 万 t/a 氯化钾技改扩能项目、青海盐湖三元钾肥股份有限公司 7 万 t/a 氯化钾项目属于 2002 年 10 月《中华人民共和国水法》颁布实施之前建成,其余项目均为2002年10月《中华人民共和国水法》颁布实施之后建成。应按照有关规定,补办水资源论证手续或取水许可证。

2.4 察尔汗重大产业基地现状供水水源

察尔汗重大产业基地现状供水水源分为地下水水源和地表水水源。地下水水源共有西水源地(由镁业公司水源地、青钾水源地、化工公司水源地组成)和东水源地两处水源地,地表水水源为格尔木河地表咸水(氯根含量3.8 g/L)和那棱格勒河地表淡水。地下水水源地位置分布示意图见图2-3。现状地下水水源地水量监测国控点布置情况见表2-6。

图2-3 地下水水源地位置分布示意图

表2-6 现状地下水水源地水量监测国控点布置情况统计

序号	点位	计量设施类型	计量设备型号
1	东水源地	电磁流量计	LD－800FLS05SN6ANCLF
2	青钾水源地	电磁流量计	LD－500FLS05SN6ANCLF
3	化工公司水源地	超声波流量计	TUF－2000SWTL1
4	镁业公司水源地	超声波流量计	TUF－2000SWTL1

2.4.1 东水源地

东水源地以前是格尔木市自来水公司专供城区用水的水源地,因位于格尔木河东部得名。2005年5月,盐湖集团与格尔木市自来水公司签订资产收购协议,协议确定"盐湖股份为解决在建的100万t综合利用项目(化工一期)供水问题,收购市自来水公司一分厂的全部资产,并取得对应的取水许可权"。该水源地取水规模为1 200万 m³/a。

该水源地含水层岩性为砂砾卵石层。水源地原有12口井,后又打4口井,共16口水井。每2口井一组,设在同一泵房内,共8组。每组2口井的距离为3 m,每组井的距离约为100 m。井的类型为管井,采用分层异深方式开采,成井深度依次按80 m和120 m设计,井径皆为400 mm。根据测算,每口水井平均产水量为173 m³/h,东水源地供水能力可达5万 m³/d。

井泵将地下水抽取上来后集中输送至水源地水池内。东水源地设有水池2座,每座容积为5 000 m³。水池的水再由加压泵站的双吸离心泵加压输送至位于察尔汗地区的企业(以前东水源地主要为综合利用一期项目供水)。输水管道管径为DN800,管道长约57 km,落差为151.6 m。

根据水质检测结果,东水源地下水水质分析见表2-7。

表2-7 东水源地下水水质分析 （单位:mg/L）

检测项目	检测结果	检测项目	检测结果
色度(度)	10	汞	<0.000 04
浑浊度(NTU)	<1	硒	<0.000 4
臭和味	无	六价铬	0.005
肉眼可见物	无	铅	<0.010
pH值(无量纲)	7.88	镉	<0.001
总硬度(以 $CaCO_3$ 计)	267	铜	<0.001
溶解性总固体	818	锌	<0.05
硫酸盐(以 SO_4^{2-} 计)	191	铁	<0.03
氯化物	230	锰	<0.01
挥发性酚类	0.000 9	钼	<0.000 6
阴离子合成洗涤剂	<0.05	钡	<0.002 5
高锰酸盐指数	2.13	镍	<0.005
硝酸盐(以 N 计)	1.15	钴	<0.005
亚硝酸盐(以 N 计)	<0.003	铍	<0.000 2
氨氮	0.034	六六六(μg/L)	<0.010
氟化物	0.41	滴滴涕(μg/L)	<0.020
氰化物	<0.004	总大肠菌群(个/L)	未检出
碘化物	<0.001	细菌总数(个/mL)	37
砷	<0.000 3		

注:未检出结果以小于检出限形式填报,总大肠菌群除外。

根据水质分析报告,该水源地的地下水中氯化物含量为230 mg/L,符合工业用水水质要求。

因受市场形势影响,前几年察尔汗重大产业基地用水量不大,因此该水源地没有启用;2017年随着经济的复苏,该水源地已经开始供水。

2.4.2　西水源地

盐湖集团西水源地现状由青钾水源地、化工公司水源地、镁业公司水源地组成。

2.4.2.1　青钾水源地

青钾水源地为盐湖集团生产钾肥的主要淡水水源。该水源地的开采规模为6万 m^3/d ,共设9口管井,井群呈三角形布置,全部集中在一个大的泵房里。该处地下水位18 m,成井深度为100 m,井径为420 mm,井与井左右距离为3~5 m,前后距离为7~8 m。生产期间开启6~9口井供水,生产期间供水量接近3.0万 m^3/d ;冬季以生活用水为主,开启1~2口井供水,供水量为0.1万~0.3万 m^3/d 。设计最大供水能力可达5.5万 m^3/d 。

井泵将地下水抽取上来后通过DN500输水总管道直接将水输送至察尔汗地区,分别进入钾肥公司水池和发展公司水池。输水管道长约65 km,高差约为157 m。

青钾水源地井泵见表2-8。

表2-8　青钾水源地井泵一览表

水泵型号	参数	数量(台)
潜水泵 300QJ230 – 110/4	$Q = 230\ m^3/h, H = 110\ m$	3
深井泵 12JD230×9	$Q = 230\ m^3/h, H = 81\ m$	6

2.4.2.2　化工公司水源地

盐湖资源综合利用二期项目于2008年开工建设,该工程配套的取水工程在青钾水源地已有的6万 m^3/d 允许开采量的基础上,对该水源地进行扩采,扩采后的开采规模为19.2万 m^3/d (含青钾的开采量6万 m^3/d)。该取水工程共设3个井组,井组间距约为150 m。每个井组由6口探采结合井组成,均匀布置在直径约为10 m的圆周线上。管井采用分层异深方式开采,成井深度依次按100 m和120 m设计,井径为420 mm。水源地管井平面布置见图2-4,井泵配置见表2-9。

井泵将地下水抽取上来后集中输送至该水源地集水池内,集水池容积为5 000 m^3 ,集水池的水通过DN1200的输水管道,利用地形高差重力自流输送至位于察尔汗地区的相关企业(以盐湖综合利用一期、二期项目,海虹公司,三元公司等为主)。输水管道长约60.6 km,落差为151.7 m。

2.4.2.3　镁业公司水源地

青海盐湖集团金属镁一体化项目于2010年开工建设,该项目配套的取水工程水源地位于青钾水源地北侧的格尔木河(人工河)西侧,格尔木市自来水公司二期水源地以北约1 400 m,南依青钾水源地。

该水源地的取水构筑物的布置方式,开采井的形式、深度均与综合利用二期项目建设的水源地类似。共设3个井组,井组间距约为150 m。每个井组由6口探采结合井组成,采用分层异深方式开采,成井深度依次按100 m和120 m设计,井径为406 mm。水源地管井平面布置见图2-5。

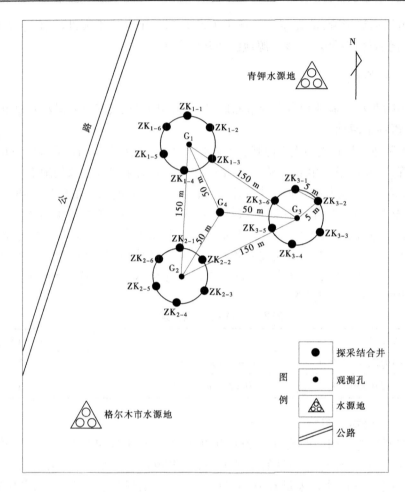

图 2-4　化工公司水源地管井平面布置图

表 2-9　化工公司水源地井泵一览表

泵站名称	水泵型号	参数	数量(台)
1# 井组	井用潜水泵 300QJ300 − 77 − 110	$Q = 300 \text{ m}^3/\text{h}, H = 77 \text{ m}, N = 110 \text{ kW}$	6
2# 井组	井用潜水泵 300QJ300 − 77 − 110	$Q = 300 \text{ m}^3/\text{h}, H = 77 \text{ m}, N = 110 \text{ kW}$	6
3# 井组	井用潜水泵 300QJ300 − 77 − 110	$Q = 300 \text{ m}^3/\text{h}, H = 77 \text{ m}, N = 110 \text{ kW}$	6

　　井泵将地下水抽取上来后集中输送至该水源地的集水池内,集水池容积为 6 000 m³,集水池的水通过 DN1200 的输水管道,利用地势高差重力流输送至位于察尔汗地区的金属镁一体化项目水池内。输水管道长约 53 km,落差为 146 m。

　　镁业公司水源地井泵配置见表 2-10。

2.4.2.4　西水源水质

　　西水源地下水的水质良好,根据水质检测结果,西水源地下水质分析见表 2-11。

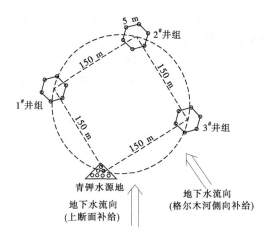

图 2-5 镁业公司水源地管井平面布置示意图

表 2-10 镁业公司水源地井泵配置一览表

泵站名称	水泵型号	参数	数量(台)
1#井组	井用潜水泵 400QJ500 – 70	$Q = 500 \ \text{m}^3/\text{h}, H = 70 \ \text{m}$	6
2#井组	井用潜水泵 400QJ500 – 70	$Q = 500 \ \text{m}^3/\text{h}, H = 70 \ \text{m}$	6
3#井组	井用潜水泵 400QJ500 – 70	$Q = 500 \ \text{m}^3/\text{h}, H = 70 \ \text{m}$	6

表 2-11 西水源地下水质分析 (单位:mg/L)

检测项目	检测结果	检测项目	检测结果
色度(度)	10	汞	0.000 11
浑浊度(NTU)	1	硒	< 0.000 4
臭和味	无	六价铬	< 0.004
肉眼可见物	无	铅	< 0.010
pH 值(无量纲)	7.82	镉	< 0.001
总硬度(以 $CaCO_3$ 计)	220	铜	< 0.001
溶解性总固体	483	锌	< 0.05
硫酸盐(以 SO_4^{2-} 计)	109	铁	< 0.03
氯化物	111	锰	< 0.01
挥发性酚类	0.001 2	钼	< 0.000 6
阴离子合成洗涤剂	< 0.05	钡	< 0.002 5
高锰酸盐指数	2.04	镍	< 0.005
硝酸盐(以 N 计)	0.559	钴	< 0.005
亚硝酸盐(以 N 计)	< 0.003	铍	< 0.000 2
氨氮	< 0.025	六六六(ug/L)	< 0.010
氟化物	0.39	滴滴涕(ug/L)	< 0.020
氰化物	< 0.004	总大肠菌群(个/L)	未检出
碘化物	< 0.001	细菌总数(个/mL)	43
砷	< 0.000 3		

注:未检出结果以小于检出限形式填报,总大肠菌群除外。

根据该水质分析报告,西水源地下水水质良好,达到化工分公司、镁业公司及各钾肥生产企业的生产用水水质标准的要求。目前,化工公司和镁业公司的全部生产用水和钾肥生产企业的部分水质要求较高的生产用水,均从该水源地取水,输送到厂区使用。

2.4.2.5 西水源近年来取水水量统计

察尔汗重大产业基地内各企业 2014 ~ 2016 年实际取西水源地下水量见表 2-12。

表 2-12 察尔汗重大产业基地内各企业 2014 ~ 2016 年取西水源水量统计 　　　（单位:万 m³)

序号	公司	2014 年	2015 年	2016 年
1	镁业公司	476.2	1 135.3	1 780.32
2	化工公司	1 948	1 968	1 220
3	硝酸盐业公司	—	—	37.5
4	海虹公司	202.69	160.95	40.95
5	三元公司	153.3	192.8	114.17
6	钾肥公司	511.7	780.9	788.12
7	盐云公司	23.3	25.6	25.24
8	蓝科锂业公司	607.4	553	521.23
9	科技公司	22.4	31.4	41
10	元通公司	34.2	48.3	17.58
11	采矿公司	0.6	0.6	0.6
12	园区其他			1.4
	合计	3 979.79	4 896.85	4 588.11

2.4.3 格尔木河尾间地表咸水

由于来自格尔木市区各地下水源地的地下水供水价格较高,为节约成本,钾肥公司、蓝科锂业公司和三元公司、元通公司及采矿公司就近在位于察尔汗产业基地周边的格尔木河尾间——西河沿线建设了多处西河水取水泵站。

由于西河水的含盐量较高,为咸水,只能供给钾肥生产过程中再浆洗涤等对水质要求不高的工序使用。

目前,钾肥公司、元通公司、三元公司设有西河取水泵站,采矿公司在东河、跃进河、清水河、西河等地设有取水设施,供给采输卤及老卤车间生产用水。钾肥分公司西河取水泵将西河水加压后,分别输送至钾肥公司西部和东部的厂区蓄水池内,并供给三元公司的浮选车间。三元公司西河取水泵将西河水加压后,输送至三元公司热溶车间供生产使用。元通公司西河取水泵站将水提升至公司加工车间,作为生产用水。格尔木河西河咸水供水系统现状见图 2-6,位置见图 2-7,取水设备见表 2-13。

由于西河水为咸水,其水质不能满足盐湖蓝科锂业公司生产用水要求,该公司的西河取水泵站建成后一直未投入使用。

格尔木河尾间——西河水源位于察尔汗盐湖湖区,受湖区地下高含盐量卤水的影响,受到的污染较大,水质和格尔木市区的东水源地、西水源地的地下水水质相差甚远。根据水质检测结果,格尔木河尾间水质分析见表 2-14,其中氯离子含量高达 3 800 mg/L,无法直接作为盐湖化工公司和镁业公司的生产用水使用。但是,西河咸水可以用于钾肥生产过程中对水质要求不高的生产工序,目前钾肥公司、元通公司、三元公司、科技公司和采矿公司等均取用西河咸水,供给对水质要求不高的生产工段或作为泵站冲洗用水使用。

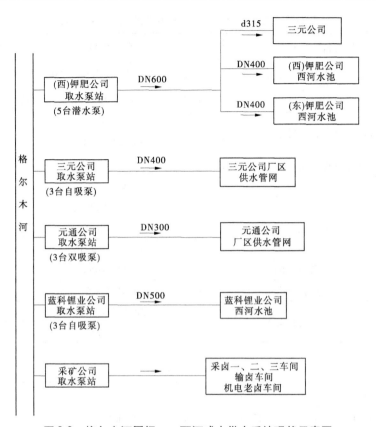

图 2-6　格尔木河尾闾——西河咸水供水系统现状示意图

图 2-7　格尔木河尾闾——西河的取水泵站分布位置

表2-13　格尔木河水尾闾——西河的取水设备一览表

泵站名称		水泵型号	数量(台)
(西)钾肥公司西河取水泵站		凯士比潜水泵 KRTK300 – 503/25	5
三元公司西河取水泵站		凯泉单级双吸离心泵 KQSN250 – N6/428T	3
元通公司西河取水泵站		300S – 90B	2
		350WFB – B₃	1
蓝科锂业公司西河取水泵站			3
采矿公司	采卤一车间	200S – 65	2
	采卤二车间	160DL – 160 ×2	1
		150DL – 46 ×2	1
		600LCSY – 13.5	8
	采卤三车间	200S – 95	2
	输卤车间	650HW – 5	2
	机电老卤车间	300HWG – 12	4
		250S – 65	2

表2-14　格尔木河尾闾水质分析　　　　　　　　　(单位:mg/L)

检测项目	检测结果	检测项目	检测结果
水温(℃)	15.3	石油类	<0.01
pH 值(无量纲)	8.36	硫酸盐(以 SO_4^{2-} 计)	237
溶解氧	6.9	硝酸盐(以 N 计)	2.03
高锰酸盐指数	2.37	氯化物	3.8×10^3
化学需氧量	19	氟化物	0.60
五日生化需氧量	3.5	砷	0.002 2
氨氮	0.954	汞	<0.000 04
总磷	0.147	硒	<0.000 4
总氮	0.963	铅	<0.010
硫化物	0.017	镉	<0.001
六价铬	0.014	铜	<0.001
氰化物	<0.004	锌	<0.05
挥发酚	0.000 9	铁	<0.03
阴离子表面活性剂	<0.05	锰	<0.01
粪大肠菌群(个/L)	9 200	—	—

注:未检出结果以小于检出限形式填报。

察尔汗重大产业基地 2014～2016 年实际取格尔木河尾间——西河咸水的水量见表 2-15。

表 2-15 察尔汗重大产业基地 2014～2016 年取西河咸水的水量统计 （单位：万 m³）

序号	公司	2014 年	2015 年	2016 年
1	钾肥公司	1 392.0	786.3	644.05
2	三元公司	43.3	28.0	83.44
3	盐云公司	9.3	9.0	4.4
4	科技公司	4.9	5.8	15
5	元通公司	341.3	501.3	533.1
6	采矿公司	1 243	1 426	1 321
	合计	3 033.8	2 756.4	2 600.99

2.4.4 那棱格勒河地表水

由于察尔汗盐湖钾资源固液并存,固体钾矿品位低、厚度薄,不能直接开发,只能通过溶解转化开采,为保证资源的充分利用和可持续开发,每年需自然补给量约 3.77 亿 m³,目前每年进入达布逊——察尔汗区段的天然补给量约 2 亿 m³,2006 年青海省水利厅批复从那棱格勒河引水 1.77 亿 m³ 以补充西达布逊湖。

察尔汗盐湖采补平衡引水工程位于那棱格勒河南部山前的黑山峡口,渠道引入乌图美仁河,向东引水至西达布逊湖(涩聂湖),全长 130 km,再通过西达布逊湖沿采区周围布置渗水工程将水补充到盐田的盐层中。

察尔汗盐湖采补平衡引水工程等别为Ⅲ等(中)型工程,主要建筑物(溢流坝、冲砂泄洪闸、进水闸)级别为 3 级,渠道为 4 级,临时建筑物(围堰)级别为 4 级。冲砂泄洪闸和溢流坝布置山包的左边,挡水坝与溢流坝成 150° 角布置,进水闸布置在冲砂泄洪闸右上侧,侧向进水,与冲砂泄洪闸轴线夹角为 42°。进水闸一孔,设计引水流量为 14 m³/s,孔口尺寸为 3.5 m×2.5 m,用平面钢闸门控制流量,闸门前设有拦污栅。沉砂池布置在渠首下游,引水渠道的设计流量为 14 m³/s,渠长 29 km,渠道为矩形钢筋混凝土形式。

察尔汗盐湖采补平衡引水工程于 2006 年 4 月开工建设,2007 年 10 月建设完成。该工程自 2013 年正式使用。察尔汗盐湖采补平衡引水工程实景图见图 2-8,那棱格勒河引水工程示意图见图 2-9。

察尔汗重大产业基地 2014～2016 年实际取那陵格勒河地表水量统计见表 2-16。

图 2-8　察尔汗盐湖采补平衡引水工程实景图

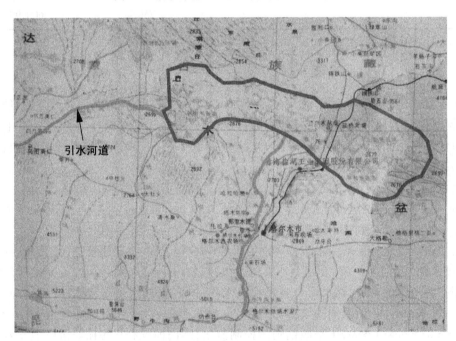

图 2-9　那棱格勒河引水工程示意图

表 2-16　察尔汗重大产业基地 2014～2016 年取那棱格勒河水量统计　　（单位：万 m³）

公司	2014 年	2015 年	2016 年
采矿公司	1 000	1 000	1 000

2.4.5　供水对象和近年来供水水量

察尔汗重大产业基地的现状地下水水源主要供给基地内钾肥板块、化工板块、镁业板块、锂业板块以及其他板块的生产用水和生活用水;格尔木河尾闾咸水供给基地内钾肥板块生产用水;那棱格勒河地表水供给盐湖集团采矿公司生产用水。察尔汗重大产业基地水源供水系统见图 2-10。

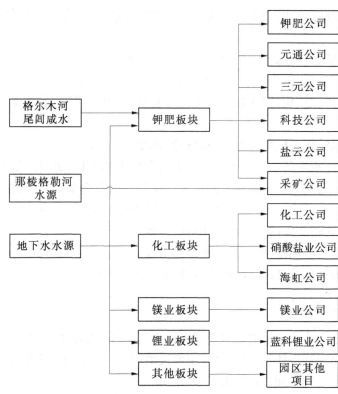

图 2-10　察尔汗重大产业基地水源供水系统

察尔汗重大产业基地 2014～2016 年实际供水水源和供水量统计见表 2-17。

表 2-17　察尔汗重大产业基地 2014～2016 年实际供水水源和供水量统计　（单位:万 m³/a）

序号	水源	2014 年	2015 年	2016 年
1	格尔木河咸水	3 033.8	2 756.4	2 601
2	西水源地下水	3 979.79	4 896.85	4 588.11
3	那棱格勒河地表水	1 000	1 000	1 000
	合计	8 013.6	8 653.3	8 189.1

2.5　察尔汗重大产业基地现状退水及污水处理概况

2.5.1　退水概况

察尔汗重大产业基地现状退水主要由三部分构成,分别为钾肥板块、锂业板块的生产废水和生活污水;镁业板块、化工板块的生产废水和生活污水;基地内其他企业的生产废水和生活污水。

2.5.1.1　钾肥板块、锂业板块的生产废水和生活污水

钾肥板块、锂业板块的生产废水主要为生产钾肥或碳酸锂排出的老卤水,排入各个项目尾盐池或盐田;钾肥板块、锂业板块的生活污水经化粪池处理后,排入老卤渠,最终排至团结湖。

2.5.1.2　镁业板块、化工板块的生产废水和生活污水

镁业板块、化工板块的生产废水主要由工艺废水和清净下水组成,其中工艺废水和生活污水经位于镁业公司厂区内的察尔汗重大产业基地综合废水处理工程处理后,排入蒸发塘蒸发处理,而清净下水则经由基地内复用水管道送至钾肥公司生产使用。

2.5.1.3　基地内其他企业的生产废水和生活污水

基地内其他企业的用水量较小,退水绝大部分为生活污水,排至位于镁业公司厂区内的察尔汗重大产业基地综合废水处理工程处理后,送蒸发塘蒸发。

2.5.2　污水处理概况

现状察尔汗重大产业基地的污水处理工程为基地内综合废水处理工程,分两期建设,均位于镁业公司金属镁一体化项目区内,主要接纳和处理基地内镁业板块、化工板块以及其他企业产生的生产废水和生活污水。

基地综合废水处理工程一期工程于 2014 年建成并投入运行,处理规模 400 m^3/h,主要处理察尔汗重大产业基地南区金属镁一体化项目的生活污水和工艺废水,2016 年 12 月已通过环保验收(西环验〔2016〕200 号)。综合废水处理一期工程采用高效脱氮微生物结合 A/O 生化处理工艺,处理出水水质 COD 等参照《农田灌溉水质标准》(GB 5084—2005)控制,特征因子多环芳烃、苯并芘及氨氮等其他因子参照《炼焦化学工业污染物排放标准》(GB 16171—2012)中用于洗煤、熄焦及高炉冲渣的水质要求,即参照《炼焦化学工业污染物排放标准》(GB 16171—2012)表 1 中的间接排放限值要求。

基地综合废水处理工程二期工程位于金属镁一体化项目工业园内,工程设计规模 600 m^3/h,主要处理察尔汗产业基地北区(化工公司、元通公司、海虹公司等)的生产、生活废水。基地综合废水处理二期工程采用 LHY - HRNPM 系列高效活性微生物结合 A/O 生化处理工艺,其出水控制指标(进蒸发塘前)COD、石油类等参照《农田灌溉水质标准》(GB 5084—2005),特征因子氯乙烯(VCM)执行《烧碱、聚氯乙烯工业水污染排放标准》(GB 15581—2016)中一级标准限值的要求,氨氮执行《污水综合排放标准》(GB 8978—

1996）中二级标准的要求。

基地综合废水处理工程处理后的达标废水经管道由泵输送至蒸发塘自然氧化、蒸发处理，不排入自然水体。蒸发塘位于防洪堤南侧 10 km 处，采用挡水坝形式设置，总体走向为由西向东。蒸发塘有效蒸发面积为 6.0 km²，一期建设 1.6 km²，远期堤坝根据进水情况陆续建设。堤坝采用黏土均质坝，堤坝平均高度约 3 m，蒸发塘平均水深不超过 1 m，堤坝迎水面坡比 1:3，背水面坡比 1:2。蒸发塘采取防渗措施并定期清理。

基地综合废水处理工程和蒸发塘实景图见图 2-11。

(a) 综合废水处理工程（一期）

(b) 综合废水处理工程（二期）

(c) 蒸发塘

图 2-11　基地综合废水处理工程和蒸发塘实景图

2.6 察尔汗重大产业基地企业现状实际水平衡分析

2.6.1 察尔汗重大产业基地各企业近年实际产能和用水量

本次取用水调查和水平衡分析统计了 2014～2016 年察尔汗重大产业基地内各项目实际产能和用水量,并根据各项目 2016 年实际用水量绘制现状水平衡图。

2.6.1.1 镁业公司

镁业公司 10 万 t/a 金属镁装置、100 万 t/a 甲醇装置、50 万 t/a 年聚氯乙烯装置、30 万 t/a 乙烯法 PVC 装置、16 万 t/a 聚丙烯装置、80 万 t/a 电石装置、240 万 t/a 焦化装置、新增 30 万 t/a 钾碱装置、400 万 t/a 选煤装置、青海海镁特镁业有限公司年产 5.6 万 t 镁合金项目(未建成)均为试车或计划试车,没有正式生产。100 万 t 纯碱装置于 2014 年 9 月开始运行。镁业公司 2014～2016 年取水量统计见表 2-18。

表 2-18 镁业公司 2014～2016 年取水量统计

序号	时间	取水量(万 m³/a)
1	2014 年	476.2
2	2015 年	1 135.3
3	2016 年	1 780.32

2.6.1.2 化工公司

化工公司综合利用项目一期、二期工程 2013～2016 年生产情况统计分别见表 2-19、表 2-20。

2.6.1.3 钾肥公司

盐湖集团钾肥公司新老氯化钾项目、挖潜扩能改造工程 2014～2016 年生产情况统计见表 2-21。

表 2-19 化工一期项目 2013～2016 年生产情况统计

产品		单位	2013 年	2014 年	2015 年	2016 年
KOH 片碱	产量	t	21 435	23 611	32 858	33 786
	新水量	t	502 691	392 182	347 819	260 067
	水耗	t/t	23.45	16.61	10.59	7.70
K_2CO_3	产量	t	14 080	25 684	28 791	53 648
	新水量	t	403 322	521 074	372 254	504 397
	水耗	t/t	28.64	20.29	12.93	9.40

续表 2-19

产品		单位	2013 年	2014 年	2015 年	2016 年
PVC	产量	t	44 158	47 098	64 316	84 102
	新水量	t	5 152 325	3 892 074	3 387 244	3 220 839
	水耗	t/t	116.68	82.64	52.67	38.30
尿素	产量	t	56 172	120 215	221 025	92 236
	新水量	t	2 479 509	3 758 326	4 403 746	1 336 341
	水耗	t/t	44.14	31.26	19.92	14.49
甲醇	产量	t	47 079	59 283	34 261	9 308
	新水量	t	2 122 348	1 892 825	697 140	137 720
	水耗	t/t	45.08	31.93	20.35	14.80
液氨	产量	t	14 269	0	0	0
	新水量	t	830 109	0	0	0
	水耗	t/t	58.17			
KOH 液碱 （折百）	产量	t	20 670	0	0	0
	新水量	t	484 739	0	0	0
	水耗	t/t	23.45			
自发电	产量	万 kW·h	27 112	24 784	29 291	25 268
	新水量	t	3 744 567	2 424 371	1 826 032	1 145 463
	水耗	t/万 kW·h	138.11	97.82	62.34	45.33
外供蒸汽 （折主汽）	产量	t	122 732	90 600	106 300	396 500
	新水量	t	508 533	265 875	198 806	539 231
	水耗	t/t	4.14	2.93	1.87	1.36
新水量总计		万 t	1 623	1 315	1 123	714

注：由于一、二期增加了许多连通管线（包括原料、中间产品、公用工程等），所以一、二期互供物料现象存在，目前又没有完善的计量仪表区分开来，所以表中数据存在一、二期量分不准确的情况。

表 2-20　化工二期项目 2014～2016 生产情况统计

产品		单位	2014 年	2015 年	2016 年
32% KOH 液碱（折百）	产量	t	51 416	72 966	22 651
	新水量	t	793 653	717 800	162 032
	水耗	t/t	15.44	9.84	7.15
液氨	产量	t	28 409	33 004	29 984
	新水量	t	1 158 816	857 967	566 814
	水耗	t/t	40.79	26.00	18.90
PVC	产量	t	36 273	56 241	12 291
	新水量	t	2 881 146	2 846 983	452 442
	水耗	t/t	79.43	50.62	36.81
尿素	产量	t	19 646	122 358	195 075
	新水量	t	639 950	2 540 099	2 944 801
	水耗	t/t	32.57	20.76	15.10
自发电	产量	万 kW·h	3 399	16 505	16 751
	新水量	t	265 992	823 151	607 492
	水耗	t/万 kW·h	78.26	49.87	36.27
外供蒸汽（折主汽）	产量	t	246 900	439 300	297 400
	新水量	t	589 303	668 229	328 958
	水耗	t/t	2.39	1.52	1.11
新水量合计		万 t	633	845	506

表 2-21　钾肥公司 2014～2016 年生产情况统计

序号	时间	项目	工业生产原料	产品名称	设计产量（万 t/a）	实际产量（万 t/a）	取水量（万 m³）	单位产品取水量（m³/t）
1	2014 年	40 万 t 氯化钾项目	光卤石、反浮选药剂	氯化钾	60	52.77	299.61	5.68
		新老 100 万 t 氯化钾项目	光卤石、反浮选药剂	氯化钾	330	320.03	1 612.47	5.04
		合计	光卤石、反浮选药剂	氯化钾	390	372.80	1 912.08	5.13
2	2015 年	40 万 t 氯化钾项目	光卤石、反浮选药剂	氯化钾	60	48.72	251.78	5.17
		新老 100 万 t 氯化钾项目	光卤石、反浮选药剂	氯化钾	330	380.37	1 895.79	4.98
		合计	光卤石、反浮选药剂	氯化钾	390	429.09	2 147.57	5.00
3	2016 年	40 万 t 氯化钾项目	光卤石、反浮选药剂	氯化钾	60	36.56	226.54	6.20
		新老 100 万 t 氯化钾项目	光卤石、反浮选药剂	氯化钾	330	363.65	1 939.95	5.33
		合计		氯化钾	390	400.21	2 166.49	5.41

2.6.1.4　硝酸盐业公司

盐湖集团硝酸盐业公司原钾盐 20 万 t 硝酸钾综合利用项目于 2016 年 4 月正式投产,原文通 20 万 t 硝酸钾项目处于试车状态、19 万 t 硝酸铵溶液项目未投产。硝酸盐业公司各项目 2016 年生产情况统计见表 2-22。

表 2-22　青海盐湖集团硝酸盐业公司各项目 2016 年生产情况统计

项目名称	产品名称	产量 （t）	用水量 （m³）	单位产品取水量 （m³/t）
原钾盐 20 万 t 硝酸钾综合利用项目	硝酸钾	58 948	428 493.44	7.27
原文通 20 万 t 硝酸钾项目	稀硝酸、硝酸铵溶液	61 089	75 579.56	1.25

2.6.1.5　海虹公司

盐湖集团海虹公司 ADC 发泡剂一体化工程项目 2014～2016 年生产情况统计见表 2-23。

表 2-23　青海盐湖集团海虹公司 2014～2016 年生产情况统计

序号	时间	工业生产原料	产品名称	设计产量 （万 t/a）	实际产量 （万 t/a）	取水量 （万 m³/a）	单位产品取水量 （m³/t）
1	2014 年	次氯酸钠、水合肼	ADC、联二脲、乌洛托品	10	2.14	202.69	94.878
2	2015 年	次氯酸钠、水合肼	ADC、联二脲、乌洛托品	10	2.06	160.95	78.232
3	2016 年	次氯酸钠、水合肼	ADC、联二脲、乌洛托品	10	0.20	61.95	314.542

注:2016 年全厂基本处于停车状态,故用水量较少。

2.6.1.6　蓝科锂业公司

盐湖集团蓝科锂业公司优质碳酸锂项目 2014～2016 年生产情况统计见表 2-24。

表 2-24　青海盐湖集团蓝科锂业公司 2014～2016 年生产情况统计

序号	时间	工业生产原料	产品名称	设计产量 （万 t/a）	实际产量 （万 t/a）	取水量 （万 m³/a）	单位产品取水量 （m³/t）
1	2014 年	老卤、盐酸、碳酸氢铵	碳酸锂	1	0.45	607.47	1 329
2	2015 年	老卤、盐酸、碳酸氢铵	碳酸锂	1	0.43	553.0	1 274
3	2016 年	老卤、盐酸、碳酸氢铵	碳酸锂	1	0.38	521.23	1 372

2.6.1.7　盐云公司

盐湖集团盐云公司氯化钾技改扩能项目 2014～2016 年生产情况统计见表 2-25。

表 2-25　青海盐湖集团盐云公司 2014～2016 年生产情况统计

序号	时间	工业生产原料	产品名称	设计产量（万 t/a）	实际产量（万 t/a）	取水量（万 m³/a）	单位产品取水量（m³/t）
1	2014 年	光卤石矿	优质氯化钾	3	2.13	11.93	5.6
2	2015 年	光卤石矿	优质氯化钾	3	1.92	13.25	6.9
3	2016 年	光卤石矿	优质氯化钾	3	2.71	13.68	5.0
4	2014 年	光卤石矿	农用氯化钾	2.5	3.50	20.68	5.9
5	2015 年	光卤石矿	农用氯化钾	2.5	1.76	21.37	12.2
6	2016 年	光卤石矿	农用氯化钾	2.5	2.17	15.96	7.4

2.6.1.8　元通公司

盐湖集团元通公司原三元氯化钾、氯化钾扩能改造项目 2012～2016 年生产情况统计见表 2-26。

表 2-26　青海盐湖集团元通公司 2012～2016 年生产情况统计

序号	时间	工业生产原料	产品名称	设计产量（万 t/a）	实际产量（万 t/a）	取水量（万 m³/a）	单位产品取水量（m³/t）
1	2012 年	光卤石矿、盐酸	氯化钾	40	47.01	282.56	6.01
2	2013 年	光卤石矿、盐酸	氯化钾	40	53.01	321.60	6.07
3	2014 年	光卤石矿、盐酸	氯化钾	40	53.00	375.51	7.08
4	2015 年	光卤石矿、盐酸	氯化钾	40	57.50	549.58	9.56
5	2016 年	光卤石矿、盐酸	氯化钾	40	76.01	550.68	7.24

2.6.1.9　科技公司

盐湖集团科技公司兑卤氯化钾项目 2014～2016 年生产情况统计见表 2-27。

表 2-27　青海盐湖集团科技公司 2014～2016 年生产情况统计

序号	时间	工业生产原料	产品名称	设计产量（万 t/a）	实际产量（万 t/a）	取水量（万 m³/a）	单位产品取水量（m³/t）
1	2014 年	光卤石矿	氯化钾	4	4.71	27.3	5.8
2	2015 年	光卤石矿	氯化钾	4	4.00	37.2	9.3
3	2016 年	光卤石矿	氯化钾	4	4.76	56	11.8

2.6.1.10　三元公司

盐湖集团三元公司精制氯化钾、氯化钾项目 2014～2016 年生产情况统计见表 2-28

和表 2-29。

表 2-28　三元公司 10 万 t/a 精制氯化钾项目 2014～2016 年生产情况统计

序号	时间	工业生产原料	产品名称	设计产量（万 t/a）	实际产量（万 t/a）	取水量（万 m³/a）	单位产品取水量(m³/t)
1	2014 年	钾石盐原矿	氯化钾	10	12.86	150.70	11.72
2	2015 年	钾石盐原矿	氯化钾	10	15.55	182.64	11.75
3	2016 年	钾石盐原矿	氯化钾	10	16.00	131.74	8.23

表 2-29　三元公司 7 万 t/a 氯化钾项目 2014～2016 年生产情况统计

序号	时间	工业生产原料	产品名称	设计产量（万 t/a）	实际产量（万 t/a）	取水量（万 m³/a）	单位产品取水量（m³/t）
1	2014 年	钾石盐原矿	氯化钾	7	5.00	65.89	13.17
2	2015 年	钾石盐原矿	氯化钾	7	4.45	58.17	13.07
3	2016 年	钾石盐原矿	氯化钾	7	7.70	85.67	11.13

2.6.1.11　采矿公司

盐湖集团采矿公司 2014～2016 年生产情况统计见表 2-30。

表 2-30　青海盐湖集团采矿公司 2014～2016 年生产情况统计

序号	时间	原卤产量（万 m³）				溶剂兑制（万 m³）				取水量（万 m³/a）
		西采区	中采区	东采区	小计	西采区	中采区	东采区	小计	
1	2014 年	20 443	9 707	4 311	34 461	20 162	3 651	0	23 813	1 243.6
2	2015 年	20 760	10 436	4 604	35 800	20 139	4 775	2 505	27 419	1 426.6
3	2016 年	21 045	13 710	6 224	40 989	20 983	5 793	2 552	29 328	1 321.6

2.6.2　察尔汗重大产业基地各企业现状水平衡结果

本次取用水调查和水平衡分析统计了 2014～2016 年察尔汗重大产业基地内各项目实际产能和用水量，并根据各项目 2016 年实际用水量绘制现状水平衡图。

根据调查结果核算，察尔汗重大产业基地现有企业 2016 年现状取新水总量为 8 189.1 万 m³/a，其中地下水 4 588.2 万 m³/a，格尔木河咸水 2 600.9 万 m³/a，那棱格勒河水 1 000 万 m³/a；总排水量为 7 243.63 万 m³/a，其中 734.32 万 m³/a 清净下水回用至钾肥公司，53.71 万 m³/a 化工外供蒸汽回用至海虹公司、三元公司、硝酸盐业公司，外排水量为 6 455.6 万 m³/a。

2016 年基地内现有企业现状实际整体水量平衡见表 2-31、图 2-12。

表 2-31　2016 年察尔汗重大产业基地现有企业实际整体水量平衡

（单位：万 m³/a）

序号	用水单位名称	总用水量	新水量	回用量	耗水量	排水量	排水说明
1	镁业公司	1 780.32	1 780.32	0	931.2	849.12	部分回用于钾肥公司,部分排镁业污水处理站和渣场
2	化工公司	1 220	1 220	0	536.02	683.98	部分回用于钾肥公司,部分外供蒸汽,部分排镁业污水处理站
3	硝酸盐业公司	50.41	37.5	12.91	20.63	29.78	部分排蒸发池,部分排镁业公司污水处理站
4	海虹公司	61.95	40.95	21	43.11	18.84	部分排盐田摊晒处理站,部分排化工污水处理站
5	三元公司	217.41	197.61	19.8	2.7	214.71	170.7 排尾盐池或盐田,43.52 排西河,0.49 排老卤渠
6	钾肥公司	2 166.49	1 432.17	734.32	51.68	2 114.81	1 973.31 排尾盐池,133.9 排盐田,7.71 排老卤渠
7	盐云公司	29.64	29.64	0	2.4	27.24	部分排尾盐池,部分排老卤渠
8	蓝科锂业公司	521.23	521.23	0	66.65	454.58	部分排卤水前池,部分排老卤渠
9	科技公司	56	56	0	1.8	54.2	部分排盐田,部分排镁业污水处理站
10	元通公司	550.68	550.68	0	77	473.68	部分排盐田,部分排老卤渠
11	采矿公司	2 321.6	2 321.6	0	0.1	2 321.5	排盐田
12	园区其他公司	1.4	1.4	0	0.21	1.19	部分排镁业污水处理站,部分排化工污水处理站
	合计	8 977.13	8 189.1	788.03	1 733.5	7 243.63	其中 734.32 清净下水回用至钾肥公司,53.71 化工外供蒸汽回用至海虹公司、三元公司、硝酸盐业公司,其余排放

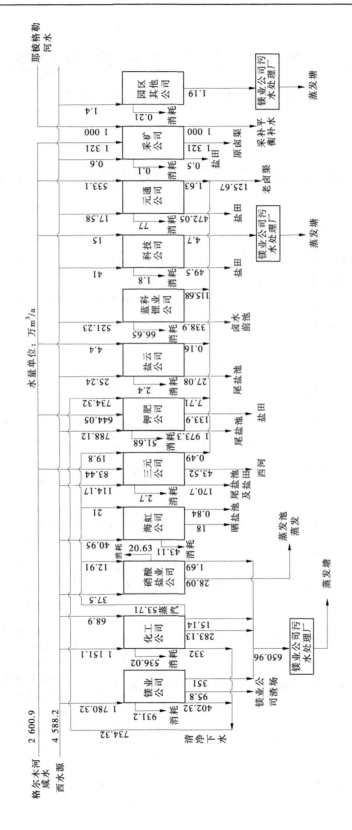

图 2-12　2016 年察尔汗重大产业基地现有企业实际整体水量平衡图

第3章　察尔汗重大产业基地现状企业用水平衡分析

3.1　现有企业达产条件下的现状整体水平衡分析

3.1.1　水量平衡结果

近几年受经济形势制约,盐湖集团内很多企业没有达产。根据实际取用水调查结果进行分析,推算出察尔汗重大产业基地现有企业达产条件下的用水总量为 285 170 万 m³/a,取新水总量为 29 536.9 万 m³/a,其中地下水取水量 9 446.5 万 m³/a,格尔木河咸水取水量 2 390.4万 m³/a,那棱格勒河地表水取水量 17 700 万 m³/a;总排水量为 27 158.4 万 m³/a,其中外排水量为 7 451.1 万 m³/a。

现有企业达产条件下的现状水量平衡见表 3-1、图 3-1。

表 3-1　察尔汗重大产业基地现有企业达产条件下的现状水量平衡　　（单位:万 m³/a)

序号	用水单位名称	用水量	新水量	重复利用量		耗水量	排水量	排水说明
				循环量	回用量			
1	镁业公司	118 846.4	4 644.6	114 201.8	0	2 608.4	2 036.2	部分回用于钾肥公司,部分排镁业污水处理站
2	化工公司	100 239.4	2 693.8	97 545.6	0	1 063.2	1 630.6	部分回用于钾肥公司,部分外供蒸汽,部分排化工污水处理站
3	硝酸盐业公司	12 060.3	277	11 688.8	94.5	181.6	189.9	部分回用于钾肥公司,部分排蒸发池,部分排化工污水处理站
4	海虹公司	12 928.4	370.9	12 367.4	190.1	347.8	213.2	部分排化工污水处理站,部分排晒盐池
5	三元公司	4 344.8	590.5	3 729.8	24.5	7.6	607.4	482.8 排尾盐池或盐田,123.1 排西河,1.5 排老卤渠
6	钾肥公司	7 432.8	633.4	5 101.2	1 698.2	55.5	2 276.1	2 123.7 排尾盐池,144.1 排盐田,8.3 排老卤渠
7	盐云公司	110.1	45.2	64.9	0	3.7	41.5	部分排尾盐池,部分排老卤渠

续表 3-1

序号	用水单位名称	用水量	新水量	重复利用量		耗水量	排水量	排水说明
				循环量	回用量			
8	蓝科锂业公司	6 163.3	568.5	5 594.8	0	28.7	539.8	部分排卤水前池,部分排老卤渠
9	科技公司	147.5	46.9	100.6	0	1.3	45.6	部分排盐田,部分排镁业污水处理站
10	元通公司	3 828.3	597.4	3 230.9	0	83.8	513.6	部分排盐田,部分排老卤渠
11	采矿公司	19 021.6	19 021.6	0	0	0.1	19 021.5	部分排盐田,部分排原卤渠,其余为采补平衡引水
12	基地其他公司	47.1	47.1	0	0	4.1	43	部分排镁业污水处理站,部分排化工污水处理站
	合计	285 170	29 536.9	253 625.8	2 007.3	4 385.8	27 158.4	1 698.2 清净下水回用至钾肥公司,309.1 化工外供蒸汽回用至海虹公司、三元公司、硝酸盐业公司,其余排放

3.1.2　取用耗排分析

3.1.2.1　取水情况

经核算,察尔汗重大产业基地现有企业达产条件下现状总取新水量为 29 536.9 万 m^3/a,其中地下水 9 446.5 万 m^3/a,格尔木河咸水 2 390.4 万 m^3/a,那棱格勒河地表水 17 700 万 m^3/a;生活取水 159.9 万 m^3/a(全部来自地下水),生产取水 29 377 万 m^3/a(来自地下水、格尔木河咸水以及那棱格勒河水)。

3.1.2.2　用水情况

经核算,察尔汗重大产业基地现有企业达产条件下现状总用水量为 285 170 万 m^3/a,其中重复利用水量为 255 633.1 万 m^3/a,取新水量为 29 536.9 万 m^3/a,基地内清净下水复用水量 1 698.2 万 m^3/a,化工外供蒸汽用量为 309.1 万 m^3/a。

3.1.2.3　耗水情况

经核算,察尔汗重大产业基地现有企业达产条件下现状总耗水量为 4 385.8 万 m^3/a,其中镁业公司和化工公司耗水占比较高,分别为 59% 和 24%。

3.1.2.4　排水情况

经核算,察尔汗重大产业基地现有企业达产条件下现状总排水量为 27 158.4 万 m^3/a,其中 17 700 万 m^3/a 为盐田采补平衡补水,1 698.2 万 m^3/a 清净下水回用至钾肥公司,309.1 万 m^3/a 化工外供蒸汽送至硝酸盐业公司、海虹公司和三元公司,其余的外排水量为 7 451.1 万 m^3/a,外排水按照水质可以分为以下四类。

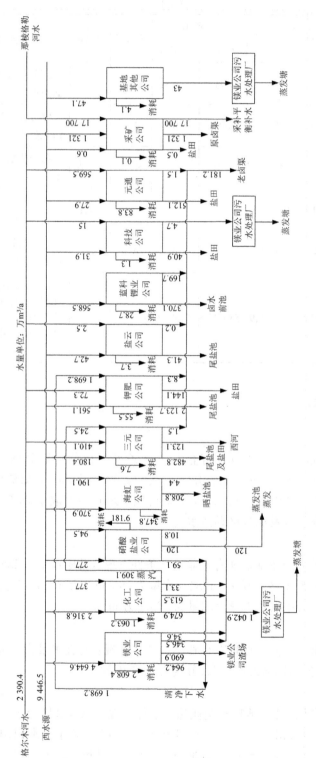

图 3-1 察尔汗重大产业基地现有企业达产条件下的现状整体水量平衡图

1.化工板块、镁业板块项目生产废水

化工板块、镁业板块项目生产废水包括镁业公司、化工公司、海虹公司、硝酸盐业公司的生产废水。其中,镁业公司、海虹公司、化工公司的 960 万 m^3/a 排至镁业公司综合废水处理工程处理后送至镁业公司蒸发塘蒸发;镁业公司 10 万 t 金属镁项目和 100 万 t 纯碱项目合计有 690.9 万 m^3/a 废水未经处理直排至镁业公司渣场蒸发;硝酸盐业公司 120 万 m^3/a 含氯化铵冷凝水未经处理直接排至硝酸盐业公司蒸发池蒸发;海虹公司 208.8 万 m^3/a 生产废水排至海虹公司晒盐池。

2.生活污水

经核算,基地各项目生活污水共 143.3 万 m^3/a,现状基地各项目生活污水排放分为以下两种:

(1)化工板块、镁业板块、其他板块项目排至镁业公司综合废水处理工程处理后送至蒸发塘蒸发。

(2)钾肥板块、锂业板块项目处理后排至盐田或老卤渠。

3.钾肥板块及蓝科锂业公司生产废水

钾肥公司、三元公司、元通公司、科技公司、盐云公司、蓝科锂业公司等生产废水均为老卤水,采矿公司生产废水为洗泵排水,这类排水量为 5 205 万 m^3/a,排至各自公司的尾盐池、盐田重复利用,其中采矿公司 1 321 万 m^3/a 洗泵排水排入原卤渠,蓝科锂业公司 169 万 m^3/a 生产废水排至老卤渠。

4.三元公司热溶车间结晶器冷却排水

三元公司热溶车间结晶器冷却水采用西河水,年取水量为 319.7 万 m^3,其中 196.6 万 m^3 回用于生产,123.1 万 m^3 排至格尔木西河尾闾汇至盐湖。

3.1.3　用水指标分析

根据《节水型企业评价导则》(GB/T 7119—2006)、《企业用水统计通则》(GB/T 26719—2011)、《企业水平衡测试通则》(GB/T 12452—2008)等相关规定,主要选取了水重复利用率、新水利用系数、外排水回用率等 3 项指标,分析基地的用水水平。

3.1.3.1　水重复利用率

在一定计量时间内,生产过程中使用的重复利用水量与总用水量之比。

$$R = V_r / (V_r + V_i) \times 100\% \tag{3-1}$$

式中:R 为水重复利用率(%);V_r 为在一定计量时间内,企业的重复利用水量,m^3;V_i 为在一定计量时间内,企业的用水量,m^3。

3.1.3.2　新水利用系数

在一定计量时间内,企业生产过程中使用的总耗水量与总新水量之比。

$$R_{新} = V_w / V_r \times 100\% \tag{3-2}$$

式中:$R_{新}$ 为新水利用系数(%);V_w 为在一定计量时间内,企业的总耗水量,m^3;V_r 为在一定计量时间内,企业取用的总新水量,m^3。

3.1.3.3　外排水回用率

$$K_w = V_w / (V_d + V_w) \times 100\% \tag{3-3}$$

式中：K_w 为外排水回用率（%）；V_w 为在一定的计量时间内，对外排废水自行处理后的水回用量，m^3；V_d 为在一定的计量时间内，向外排放的废水量，m^3。

根据本次取用水调查结果核算，察尔汗重大产业基地内现有企业主要用水指标计算的基本参数见表 3-2。

表 3-2　察尔汗重大产业基地现状用水指标计算的基本参数

序号	基本参数名称	单位	基本参数
1	重复利用水量	m^3/h	255 633.1
2	生产过程中总水量	m^3/h	285 170
3	全厂生产补新水量	m^3/h	29 536.9
4	全厂生产耗水量	m^3/h	4 385.8
5	排水量	m^3/h	27 158.4
6	回用量	m^3/h	2 007.3

根据表 3-2 的计算参数，基地用水指标计算过程如下，结果见表 3-3。

（1）水重复利用率：255 633.1/285 170×100%≈89.6%。

（2）新水利用系数：4 385.8/29 536.9×100%≈14.8%。

（3）外排水回用率 1：2 007.3/27 158.4×100%≈7.4%。

（4）外排水回用率 2：2 007.3/4 253.4×100%≈47.2%（卤水排放、采补平衡补水不作为排水）。

表 3-3　用水指标计算成果

序号	评价指标	单位	计算结果
1	水重复利用率	%	89.6
2	新水利用系数	%	14.8
3	外排水回用率 1	%	7.4
4	外排水回用率 2	%	47.2

3.2　现状企业用水存在的问题及节水潜力分析

根据本次取用水调查和水平衡分析结果，察尔汗重大产业基地内现状企业普遍存在循环水浓缩倍率偏低、工艺废水和生活污水经处理后未回用直接排放等问题。

3.2.1　循环水浓缩倍率偏低

《工业循环冷却水处理设计规范》（GB 50050—2017）规定间冷开式系统设计浓缩倍

率不宜小于 5.0，且不应小于 3.0。

察尔汗重大产业基地内化工板块、镁业板块项目大部分配套的间冷开式循环冷却水系统循环水浓缩倍率均不满足要求，而过低的浓缩倍率会导致循环冷却水系统补水量和排水量增加，造成供水成本过高，且造成新鲜水的浪费。

盐湖集团的化工板块、镁业板块的循环水系统所排清净下水经收集后送至钾肥公司利用，一方面造成输水成本增加，另一方面钾肥公司减少了对西河水（盐水）的使用量，也不利于盐湖集团内部的新鲜水指标节约和供水成本的降低。

循环水浓缩倍率提高无须大的技改即可实现，本次可作为察尔汗重大产业基地内现状企业进一步节水的方向。考虑到察尔汗重大产业基地内现状企业存在新老项目，老项目的循环水系统受换热材质限制，浓缩倍率宜按照 $N=4$ 进行核定；金属镁一体化项目的循环水浓缩倍率按照其初步设计值 $N=5$ 进行核定。如果循环水系统的补水均来自脱盐水，则循环水的补水近似等于循环水系统的蒸发风吹损失量，排污量近似为 0。察尔汗重大产业基地项目浓缩倍率核定后可节约新鲜水量统计见表 3-4。

表 3-4　察尔汗重大产业基地项目浓缩倍率核定后可节约新鲜水量统计

序号	项目	核定前浓缩倍率	核定后浓缩倍率	节约水量（万 m³/a）
1	金属镁一体化项目 10 万 t/a 金属镁装置	2.6	5	18.4
2	金属镁一体化项目 100 万 t/a 甲醇装置	2.7	5	86.4
3	金属镁一体化项目 100 万 t/a 甲醇制烯烃装置	3.9	5	67.8
4	金属镁一体化项目 50 万 t/a 聚氯乙烯装置	4.1	5	92.8
5	金属镁一体化项目 30 万 t/a 乙烯法 PVC 装置	3.4	5	72.5
6	金属镁一体化项目配套 16 万 t/a 聚丙烯装置	3	5	39.1
7	金属镁一体化项目配套 80 万 t/a 电石装置	4	5	6.9
8	金属镁一体化项目配套 240 万 t/a 焦化装置	3.3	5	132.8
9	金属镁一体化项目新增 30 万 t/a 钾碱装置	3.3	5	59.2
10	化工公司 100 万 t 钾肥综合利用工程	2.8	4	120
11	硝酸盐业公司原元通钾盐综合利用项目	2.4	4	1.5
12	硝酸盐业公司 19 万 t/a 硝酸铵溶液项目	3.6	4	33.8
13	海虹公司 10 万 t/a ADC 发泡剂一体化工程	3	4	184.4
14	科技公司 3 000 t/a 纳浮选剂项目	1.4	4	1.9
合计		—	—	917.5

3.2.2　工艺废水排放问题

3.2.2.1　工艺废水排放合理性分析

察尔汗重大产业基地现状工艺废水排放主要分为以下几类：

（1）钾肥板块、锂业板块项目：其退水为老卤水，盐分极高，普遍排至各项目尾盐池或者盐田或者老卤渠重复利用，认为合理。

（2）硝酸盐业公司 120 万 m^3/a 含氯化铵冷凝水排至蒸发池蒸发，海虹公司 208.8 万 m^3/a 生产废水排至晒盐池蒸发，这部分废水特点是盐分低，如采用超滤+反渗透工艺处理后，可用于自身或钾肥板块生产。

（3）化工板块、镁业板块：①清净下水统一收集至复用水系统送至钾肥公司复用，论证认为合理。②镁业公司 10 万 t 金属镁项目和 100 万 t 纯碱项目合计有 690.9 万 m^3/a 废水未经处理直排至镁业公司渣场蒸发不合理：10 万 t 金属镁项目排水 53.6 万 m^3/a 属于卤水精制和脱水车间排水，盐分含量极高，现阶段送渣场蒸发合理，下阶段宜考虑回收该部分废水中的有价成分；100 万 t 纯碱项目排水 637.3 万 m^3/a 为蒸吸工序所排的蒸氨废液，其中主要含有 $CaCl_2$ 副产物较多，建议在澄清后与镁业板块其他生产废水均采用超滤+反渗透的工艺处理后回用，以减少新鲜水损耗。③镁业板块其他生产废水和化工板块的生产工艺废水经收集后统一排至镁业公司综合废水处理工程处理后排至蒸发塘蒸发，达产条件下约有 960 万 m^3/a 的达标废水被蒸发掉。该部分废水特点是盐分一般，但含有一定有机物，如采用超滤+反渗透的工艺处理后，则至少有 672 万 m^3/a 除盐水可供察尔汗重大产业基地使用，同时减少了大量废污水外排。

从经济角度分析，已建成的相关煤化工中水深度处理系统实际处理费用仅为 1.73 元（含折旧）左右，而目前盐湖集团的地下水供水费为 1.5 元；从供水费角度分析，每年增加 443.0 万元的运行成本，但可以减少新鲜水用量和减少排污 1 155.66 万 m^3，同时节余出 1 155.66 万 m^3 的取水指标可供其他项目使用。

研究认为可将建设中水回用装置回用工艺废水作为下一阶段盐湖集团节水的主要方向。

3.2.2.2　推荐的工艺废水处理工艺描述

中水回用装置主要处理污水生化处理达标出水、脱盐水站排水等，工艺处理流程见图 3-2。

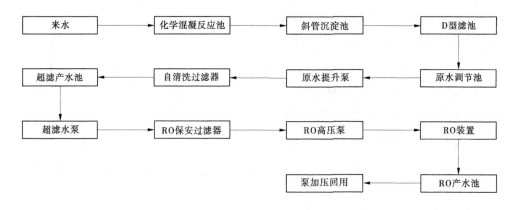

图 3-2　中水回用装置主要处理过程和关系示意图

采用该系统的出水水质满足如下标准：SDI（污染指数）≤1（反渗透进水 SDI 值一般

不高于 5);系统脱盐率≥95%;产品水出水压力≥0.40 MPa;系统出力≥70%。

工艺分析:中水处理回用装置中采用超滤作为反渗透的预处理段,在废水回用中已经证明是十分可靠的预处理工艺。超滤是利用一种压力活性膜,在外界推动力(压力)作用下截留水中胶体、颗粒和分子量相对较高的物质,而水和小的溶质颗粒透过膜的分离过程。当被处理水借助于外界压力的作用以一定的流速通过膜表面时,水分子和分子量小于 300~500 的溶质透过膜,而大于膜孔的微粒、大分子等由于筛分作用被截留,从而使水得到净化。因此,当水通过超滤膜后,可将水中含有的大部分胶体硅除去,同时可去除大量的有机物等。超滤与传统的预处理工艺相比,系统简单、操作方便、占地小、投资省且水质极优,可满足反渗透装置的进水要求。

反渗透技术原理是指在高于溶液渗透压的压力作用下,借助于只允许水透过而不允许其他物质透过的半透膜的选择截留作用将溶液中的溶质与溶剂分离。利用反渗透膜的分离特性,可以有效地去除水中的溶解盐、胶体、有机物、细菌、微生物等杂质,具有能耗低、工艺先进、操作维护简便等优点。在各种膜分离技术中,反渗透技术是近年来国内应用最成功、发展最快、普及最广的一种,尤其是在水处理行业。中水装置的反渗透膜选用抗污染膜。

3.2.2.3 处理效果分析

以下为国内同类项目中水回用装置运行现状。

1.大唐克旗煤制天然气工程

一期工程中水回用装置进水为污水处理站出水,处理规模为 850 m³/h,其中超滤系统设计规模为 850 m³/h,反渗透系统设计规模为 600 m³/h。目前实际运行水量为 500 m³/h,全部经过反渗透系统处理;中水回用装置的回收率为 65%,脱盐率为 95%。工艺流程为:来水→浸没式超滤→一级反渗透→产水进入综合水池。

2.新疆庆华煤制天然气工程

一期工程中水回用装置进水为化学水站和循环水系统排污水,处理规模为 800 m³/h,目前实际运行水量为 600 m³/h;中水回用装置的产水电导率为 12 μS/cm,回收率为 70%,脱盐率为 95%,已连续稳定运行三年时间,实景图见图 3-3。

工艺流程为:混凝沉淀→V 形滤池→原水调节池→原水提升泵→叠片式过滤器→超滤装置→超滤产水池→超滤水泵→RO 保安过滤器→RO 高压泵→RO 反渗透装置→反渗透产水池→产水加压泵→回用作为循环水及化学水站补充水。

3.中煤图克煤化工工程

一期工程中水回用装置进水为化学水站和循环水系统排污水、污水处理站达标出水,处理规模为 1 200 m³/h,目前实际运行水量为 800 m³/h;中水回用装置的产水电导率为 450 μS/cm,回收率为 80%,脱盐率为 95%,已连续稳定运行三年时间。

工艺流程为:来水→混凝澄清→多介质过滤→原水调节池→原水提升泵→叠片式过滤器→超滤装置→超滤产水池→超滤水泵→RO 保安过滤器→RO 高压泵→RO 反渗透装置→反渗透产水池→产水加压泵→回用作为化学水站生产用水和循环水补充水。

图 3-3　庆华煤制气项目中水回用装置实景图

3.2.3　生活污水排放问题

察尔汗重大产业基地现状生活污水排放主要分为两类：

(1)钾肥板块、锂业板块项目。普遍由各项目处理后排至尾盐池或者盐田,认为合理。

(2)化工板块、镁业板块。生活污水与生产废水一同排至镁业公司综合废水处理工程处理,达到《农田灌溉水质标准》(GB 5084—2005)规定后排至蒸发塘自然蒸发,达产条件下年蒸发量为 82.9 万 m^3。

分析认为生活污水废水水质较好,不宜与工艺废水一并掺混处理,生活污水宜单独收集,经污水处理站处理后可以与新鲜水掺混作为循环水系统补水,以节约新鲜水量和指标。

3.2.4　其他问题

察尔汗重大产业基地建设时间较早的项目应开展用水管网维护与更新工作,尤其是钾肥板块项目,跑、冒、滴、漏现象比较严重,造成了水资源的浪费。

3.2.5　主要项目节水建议

3.2.5.1　镁业公司 10 万 t/a 金属镁装置进一步节水建议

(1)浓缩倍率偏低。金属镁装置综合循环水量为 9 837 m^3/h,进出口温差均为 10 ℃,浓缩倍率为 4.0,与设计值 $N=5$ 有一定差距,因此应按其设计值对综合循环系统补排水进行重新核定。

《工业循环水冷却设计规范》(GB/T 50102—2014)规定机械通风塔风吹损失不高于循环水量的 0.1%,结合当地环境气候,风吹损失取循环水量的 0.1%;格尔木市多年平均气温 5.1 ℃,经查系数 K 值表,K 值为 0.001 1,冷却塔进出口水温差 $\Delta t = 10$ ℃,根据《工业循环水冷却设计规范》(GB/T 50102—2014)中循环冷却水系统蒸发损失率简易公式,计算出蒸发损失率为 1.10%。

经计算可节水 23 m³/h,即综合循环水系统补水为 135 m³/h,风吹蒸发损失 118 m³/h,排水 17 m³/h。

(2)空压站、整流、铸造、电解循环水系统的补水均来自脱盐水,其循环水的补水近似等于循环水系统的蒸发风吹损失量,排污量近似为 0。以上 4 个循环水系统进出口温差均为 10 ℃,经分析计算可节水 67 m³/h,即空压站循环补水 7.0 m³/h,整流循环补水 9.0 m³/h,铸造循环补水 6.0 m³/h,电解循环补水 26 m³/h。

(3)生活用水量偏高。考虑到大部分企业职工晚上住宿在格尔木市,其人均生活用水暂不考虑宿舍、洗衣、洗浴等用水,概化为日常生活用水+食堂用水,按照《建筑给水排水设计规范》(GB 50015—2003)(2009 年版)要求,日用水定额取 0.1 m³/(人·d)。金属镁定员为 714 人,经计算可节水 7.0 m³/h,即生活用水量为 3.0 m³/h,损耗按 15% 计,则排水为 2.6 m³/h。

(4)电解系统和换热站排水水质较好,可直接回用于铸造冷却,经计算铸造车间可节水 36 m³/h,即铸造车间用新水量 84 m³/h。

综上分析,在现有情况下,金属镁装置可节水 133 m³/h。

3.2.5.2　镁业公司 100 万 t/a 甲醇装置进一步节水建议

根据甲醇装置正在试运行的实际情况,按照初设相关参数,结合相关规范,分析认为可以从以下三方面节水:

(1)甲醇装置应按项目水资源论证及批复的要求,在装置区建设污水回用设施,生产生活污水处理后分质回用。

(2)甲醇装置气化循环水量为 7 868 m³/h,净化循环量为 3 697 m³/h,进出口温差均为 12 ℃。甲醇装置目前各循环水系统浓缩倍率为 2.7,与设计值 $N=5$ 有一定差距,因此按其设计值对循环系统补排水进行重新核定。

《工业循环水冷却设计规范》(GB/T 50102—2014)规定机械通风塔风吹损失不高于循环水量的 0.1%,结合当地环境气候,风吹损失取循环水量的 0.1%;格尔木多年平均气温 5.1 ℃,经查系数 K 值表,K 值为 0.001 1,冷却塔进出口水温差 $\Delta t=12$ ℃,根据《工业循环水冷却设计规范》(GB/T 50102—2014)中循环冷却水系统蒸发损失率简易公式,计算出蒸发损失率为 1.32%。

经计算,甲醇装置循环水系统可节水 108 m³/h,即净化循环补水为 65 m³/h,风吹蒸发损失 56 m³/h,排水 9 m³/h;气化循环补水为 130 m³/h,风吹蒸发损失 112 m³/h,排水 18 m³/h。

(3)生活用水量偏高。考虑到企业职工晚上大部分住宿在格尔木市,其人均生活用水暂不考虑宿舍、洗衣、洗浴等用水,概化为日常生活用水+食堂用水,按照《建筑给水排水设计规范》(GB 50015—2003)(2009 年版)要求,日用水定额取 0.1 m³/(人·d)。甲醇装置定员为 550 人,经计算可节水 3.7 m³/h,即生活用水量为 2.3 m³/h,损耗按 15% 计,则排水为 2.0 m³/h。

综上分析,在现有情况下,挖潜后甲醇装置可节水 111.7 m³/h。

3.2.5.3　镁业公司100万t/aDMTO装置进一步节水建议

根据前述用水水平分析,DMTO装置的循环冷却水系统浓缩倍率 $N = 3.93$,基本满足《工业循环冷却水处理设计规范》(GB/T 50050—2017)规定的间冷开式系统设计浓缩倍率不宜小于5.0,且不应小于3.0的要求,考虑DMTO装置为新建项目,还可对其循环水系统进一步挖掘节水潜力,冷却水系统浓缩倍率可按 $N = 5$ 进行控制。

DMTO装置循环水系统循环水量为11 000 m^3/h(最大14 000 m^3/h),循环给水温度30 ℃,循环回水温度40 ℃,循环水系统新鲜水补水量正常250 m^3/h(最大320 m^3/h),循环水站风吹蒸发损失量187 m^3/h(最大238 m^3/h),循环水排污水量平均为49 m^3/h(最大64 m^3/h)。目前,DMTO装置的风吹损失率为0.1%,蒸发损失率1.6%。

《工业循环水冷却设计规范》(GB/T 50102—2014)规定机械通风塔风吹损失不高于循环水量的0.1%,结合当地环境气候,风吹损失取循环水量的0.1%;格尔木多年平均气温5.1 ℃,经查系数 K 值表, K 值为0.001 1,冷却塔进出口水温差 $\Delta t = 12$ ℃,根据《工业循环水冷却设计规范》(GB/T 50102—2014)中循环冷却水系统蒸发损失率简易公式,计算出风吹蒸发损失率为1.2%,即风吹蒸发损失132 m^3/h(最大168 m^3/h),同时浓缩倍率按5控制,循环水系统排污量为19.25 m^3/h(最大24.5 m^3/h)。

综上分析,循环水系统平均可节约84.75 m^3/h 的新水补充量,同时可减少约30 m^3/h的循环水排污量。

3.2.5.4　镁业公司50万t PVC装置进一步节水建议

(1)50万t PVC装置应进一步加强装置用水的管理。

(2)生活用水量偏高。由于职工晚上大部分住宿在格尔木市,其人均生活用水暂不考虑宿舍、洗衣、洗浴用水,概化为日常生活用水+食堂用水,按照《建筑给水排水设计规范》(GB 50015—2003)(2009年版)要求,取0.1 $m^3/($人·d$)$,则厂区用水量约为3.7 m^3/h,排水量按80%计,为3 m^3/h。

(3)经核算,目前50万t PVC装置的实际循环水浓缩倍率为4.14。由于本装置为新建,初设设计循环水系统浓缩倍率为5,因此论证按 $N = 5$ 对循环系统补排水进行重新核定。

50万t PVC装置烧碱循环水系统循环水量5 722 m^3/h,乙炔循环水系统循环水量2 500 m^3/h,冷冻循环水系统循环水量8 527 m^3/h,PVC循环水系统循环水量6 500 m^3/h,进出口温差均为8 ℃。

《工业循环水冷却设计规范》(GB/T 50102—2014)规定机械通风塔风吹损失不高于循环水量的0.1%。根据格尔木气象站资料,格尔木多年平均气温5.1 ℃,系数 K 值为0.001 1,根据蒸发损失率简易计算公式,PVC装置循环水系统蒸发损失率为0.88%。由此推算PVC装置可节约93.98 m^3/h 的新水补充量。

3.2.5.5　镁业公司30万t/a乙烯法PVC项目进一步节水建议

(1)30万t PVC装置应提高自身生产、生活废污水的回用率。

(2)经核算,目前30万t PVC装置的实际循环水浓缩倍率为3.4。由于本装置为新建,初设设计循环水系统浓缩倍率为5,因此按 $N = 5$ 对循环系统补排水进行重新核定。

30万t PVC装置循环水系统循环水量为12 680 m^3/h,进出口温差 $\Delta t = 10$ ℃。

《工业循环水冷却设计规范》(GB/T 50102—2014)规定机械通风塔风吹损失不高于循环水量的0.1%。钾碱装置冷却塔中加装有除水器,风吹损失按照循环水量的0.1%来复核,为13 m³/h。根据格尔木气象站资料,格尔木多年平均气温5.1 ℃,系数 K 值为0.001 1,根据蒸发损失率简易计算公式,30 万 t PVC 装置循环水系统蒸发损失率为1.1%,水量为139 m³/h,由此推算排污量为22 m³/h。

(3)未预见水量按生产、生活总水量的5%计算,大约为22 m³/h。

3.2.5.6　镁业公司 6 万 t/a 聚丙烯项目进一步节水建议

1.循环水系统节水

聚丙烯装置循环冷却水系统浓缩倍率 $N=3$,基本满足《工业循环冷却水处理设计规范》(GB/T 50050—2017)规定的间冷开式系统设计浓缩倍率不宜小于5.0,且不应小于3.0的要求,考虑聚丙烯装置为新建项目,还可对其循环水系统进一步挖掘节水潜力,冷却水系统浓缩倍率可按 $N=5$ 进行控制。

聚丙烯装置循环水系统循环水量为 3 531 m³/h,循环冷却水水温 28 ℃,循环回水水温 38 ℃,循环水系统新鲜水补水量平均为 96 m³/h(最大 100 m³/h),循环水站风吹蒸发损失量为 78 m³/h,循环水排污水量平均为 18 m³/h(最大 22 m³/h)。目前,聚丙烯装置的设计风吹损失率为0.4%,蒸发损失率为1.8%。

《工业循环水冷却设计规范》(GB/T 50102—2014)规定机械通风塔风吹损失不高于循环水量的0.1%,结合当地环境气候,风吹损失论证取循环水量的0.1%;格尔木多年平均气温5.1 ℃,经查系数 K 值表,K 值为0.001 1,冷却塔进出口水温差 $\Delta t=12$ ℃,根据《工业循环水冷却设计规范》(GB/T 50102—2014)中循环冷却水系统蒸发损失率简易公式,计算出风吹蒸发损失率应为1.2%,即风吹蒸发损失量 42 m³/h,同时浓缩倍率按5控制,循环水系统排污量为 6.125 m³/h。

综上分析,循环水系统可节约 47.877 m³/h 的新水补充量,同时可减少约 12 m³/h 的循环水排污量。

2.生活用水节水

根据《石油化工企业给水排水系统设计规范》(SH 3015—2003),工厂生活用水量按《建筑给水排水设计规范》(GB 50015—2009)有关规定进行计算。考虑盐湖集团企业实际情况,生活用水定额可暂不考虑宿舍、洗衣、洗浴用水,概化为日常生活用水+食堂用水。根据《建筑给水排水设计规范》(GB 50015—2009),日用水定额为 0.1 m³/(人·d),据此核定聚丙烯装置的生活用水量约为 0.4 m³/h,比原设计生活用水量减少4.6 m³/h。

3.2.5.7　镁业公司 80 万 t/a 电石装置进一步节水建议

根据前述用水水平分析,电石装置的循环冷却水系统浓缩倍率为4,基本满足《工业循环冷却水处理设计规范》(GB/T 50050—2017)规定的间冷开式系统设计浓缩倍率不宜小于5.0,且不应小于3.0的要求,但考虑到电石装置为新建装置,还可对其循环水系统用水进一步挖掘节水潜力,冷却水系统浓缩倍率可按 $N=5$ 进行控制。

电石装置区设置循环水场,采用组合逆流式冷却塔,主要为电石炉、气柜、制氧空压、炉气洗涤等提供循环冷却用水。循环冷却水水量平均为 8 662 m³/h(最大 10 408 m³/h),设计风吹蒸发损失为 91.8 m³/h(最大 110.3 m³/h),循环排污量为 16~18 m³/h,风吹蒸发损失率 1.06%。

《工业循环水冷却设计规范》(GB/T 50102—2014)规定机械通风塔风吹损失不高于循环水量的 0.1%,结合当地环境气候,风吹损失论证取循环水量的 0.1%;格尔木多年平均气温 5.1 ℃,经查系数 K 值表,K 值为 0.001 1,冷却塔进出口水温差 $\Delta t = 10$ ℃,根据《工业循环水冷却设计规范》(GB/T 50102—2014)中循环冷却水系统蒸发损失率简易公式,可知电石装置循环水系统的风吹蒸发损失率应为 1.2%,原设计风吹蒸发损失率 1.06%偏低。电石装置循环水系统的风吹蒸发损失率按 1.2%,同时浓缩倍率按 5 控制,可推算出循环水系统风吹蒸发损失平均为 103.9 m³/h(最大 124.9 m³/h),排污量平均为 15.2 m³/h(最大 18.2 m³/h)。

3.2.5.8　镁业公司 240 万 t/a 焦化装置进一步节水建议

根据焦化装置正在试运行的实际,按照初设相关参数,结合相关规范,分析认为应从以下三方面节水:

(1)焦化装置应按项目水资源论证及批复的要求,在装置区建设污水回用设施,生产、生活污水处理后分质回用。

(2)焦化装置属新建,循环水浓缩倍率可按照《工业循环冷却水处理设计规范》(GB/T 50050—2017)规定的间冷开式系统设计浓缩倍率不宜小于 5.0,且不应小于 3.0 中的最大值进行核定,即浓缩倍率取 5,并对循环系统补排水进行重新核定。

《工业循环水冷却设计规范》(GB/T 50102—2014)规定机械通风塔风吹损失不高于循环水量的 0.1%,结合当地环境气候,风吹损失论证取循环水量的 0.1%;格尔木多年平均气温 5.1 ℃,经查系数 K 值表,K 值为 0.001 1,冷却塔进出口水温差 $\Delta t = 10$ ℃,根据《工业循环水冷却设计规范》(GB/T 50102—2014)中循环冷却水系统蒸发损失率简易公式,计算出蒸发损失率为 1.10%。

经计算,焦化装置循环水系统可节水 166 m³/h,即净化循环补水为 110 m³/h,风吹蒸发损失 96 m³/h,排水 14 m³/h;制氢循环补水为 36 m³/h,风吹蒸发损失 31 m³/h,排水 5.0 m³/h。

(3)现状未预见水取总用水量的 7.7%,偏大,根据经验,分析认为取总用水量的 5.0% 为宜,可节水 21 m³/h,即合理分析后未预见水为 16 m³/h。

综上分析,在现有情况下,挖潜后焦化装置可节水 187 m³/h。

3.2.5.9　镁业公司 30 万 t/a 钾碱装置进一步节水建议

(1)30 万 t/a 钾碱装置应提高自身生产、生活废污水的回用率。

(2)目前 30 万 t/a 钾碱装置的循环水浓缩倍率为 3.3。由于本装置为新建,初设设计循环水系统浓缩倍率为 5,因此论证按 $N=5$ 对循环系统补排水进行重新核定。

钾碱装置循环水系统循环水量为 6 723 m³/h,进出口温差 $\Delta t = 8$ ℃。

《工业循环水冷却设计规范》(GB/T 50102—2014)规定机械通风塔风吹损失不高于循环水量的 0.1%。钾碱装置冷却塔中加装有除水器,风吹损失按照循环水量的 0.1%来复核,为 6.7 m³/h。根据格尔木气象站资料,格尔木多年平均气温 5.1 ℃,系数 K 值为 0.001 1,根据蒸发损失率简易计算公式,钾碱装置循环水系统蒸发损失率为 0.88%,水量为 59.2 m³/h,由此推算排污量为 8 m³/h。

（3）生活用水水耗偏高。由于大部分职工晚上住宿在格尔木市，其人均生活用水量按《建筑给水排水设计规范》（GB 50015—2003）（2009 年版）要求，即日用水定额 0.1 m³/（人·d），则厂区用水量约为 0.73 m³/h，排水量按 80% 计，为 0.58 m³/h。

3.2.5.10　镁业公司 100 万 t/a 纯碱装置进一步节水建议

纯碱装置现状循环水站浓缩倍率为 5.0，且排水复用于盐水工序，分析认为合理。但现状风吹蒸发损失水量为 141 m³/h，循环水量为 6 736.5 m³/h，则风吹蒸发损失率为 2.1%，风吹蒸发损失量偏大。

《工业循环水冷却设计规范》（GB/T 50102—2014）规定机械通风塔风吹损失不高于循环水量的 0.1%，结合当地环境气候，风吹损失论证取循环水量的 0.1%；格尔木多年平均气温 5.1 ℃，经查系数 K 值表，K 值为 0.001 1，冷却塔进出口水温差 $\Delta t = 14$ ℃，根据《工业循环水冷却设计规范》（GB/T 50102—2014）中循环冷却水系统蒸发损失率简易公式，计算出风吹损失量为 6.7 m³/h，蒸发损失量为 103.7 m³/h。循环水系统浓缩倍率为 5.0，蒸发损失率为 1.54%，风吹损失率为 0.1%，计算可得，循环水系统补水量为 129.6 m³/h，排污量为 19.2 m³/h。经过上述挖潜后，本项目可节水 30.6 m³/h。

3.2.5.11　化工一期进一步节水建议

（1）现状除透平冷凝液回收外，工艺冷凝液和蒸汽冷凝液未完全实现回收。一般化工项目冷凝液回收能够达到 80% 以上，按冷凝液以 80% 回收计，脱盐水站补充水量增加 20 m³/h，外排至污水处理厂水量减少 20 m³/h。

（2）现状化工一期脱盐水回用率不到为 60%，工艺主要为阴阳混床加反渗透，该工艺正常出水率约为 75%，分析认为脱盐水站通过加强生产管理能够达到 75% 的出水率，因此脱盐水站有一部分节水潜力可挖掘。

（3）化工一期目前各循环水系统浓缩倍率较低，距离初设设计值 3.5 有一定差距。现状换热器大部分为碳钢材质，根据以往经验，认为化工一期各循环水系统浓酸倍率提高到 4 较符合实际。

化工一期装置综合循环水系统循环水量 22 610 m³/h，PVC 循环水系统循环水量 4 000 m³/h，进出口温差均为 10 ℃。

《工业循环水冷却设计规范》（GB/T 50102—2014）规定机械通风塔风吹损失不高于循环水量的 0.1%。根据格尔木气象站资料，格尔木多年平均气温 5.1 ℃，系数 K 值为 0.001 1，根据蒸发损失率简易计算公式，化工一期装置循环水系统蒸发损失率为 1.1%。由此推算化工一期装置综合及 PVC 循环水系统补水量、风吹和蒸发损失以及排水量见表 3-5。

表 3-5　化工一期装置循环水系统各用水指标一览表

循环水系统	风吹损失	蒸发损失	补水量	排水量
综合	22.6	248.7	331	60
PVC	4	44	59	11

（4）生活用水水耗偏高。目前，化工一期生活化验用水中包含极少化验用水，主要为职工生活用水。由于大部分职工晚上住宿在格尔木市，其人均生活用水暂不考虑宿舍、洗

衣、洗浴用水,概化为日常生活用水+食堂用水,按照《建筑给水排水设计规范》(GB 50015—2003)(2009 年版)要求,日用水定额取 0.1 m³/(人·d),则厂区用水量约为 10 m³/h,排水量按 80%计,为 8 m³/h。

(5)化工一期应加强生产过程中的用水管理,加强供水管网的维护,减少滴、冒、跑、漏。

在现有情况下,化工一期可节水 275 m³/h。

3.2.5.12 化工二期进一步节水建议

(1)现状除透平冷凝液回收外,工艺冷凝液和蒸汽冷凝液未完全实现回收。一般化工项目冷凝液回收能够达到 80%以上,按冷凝液以 80%回收计,脱盐水站补充水量增加 41 m³/h,外排至污水处理厂水量减少 41 m³/h。

(2)化工二期目前各循环水系统浓酸倍率较低,距离初设计值 3.5 有一定差距。现状换热器大部分为碳钢材质,分析认为化工二期各循环水系统浓酸倍率提高到 4 较符合实际。

化工二期装置综合循环水系统循环水量 32 664 m³/h,乙炔循环水系统循环水量 17 100 m³/h,供热中心循环水系统循环水量 1 780.5 m³/h,进出口温差均为 10 ℃。

《工业循环水冷却设计规范》(GB/T 50102—2014)规定机械通风塔风吹损失不高于循环水量的 0.1%。根据格尔木气象站资料,格尔木多年平均气温 5.1 ℃,系数 K 值为 0.001 1,根据蒸发损失率简易计算公式,化工二期装置循环水系统蒸发损失率为 1.1%。由此推算化工二期装置综合、乙炔、供热中心循环水系统补水量、风吹和蒸发损失以及排水量见表 3-6。

表 3-6 化工二期装置循环水系统各用水指标一览表

循环水系统	风吹损失	蒸发损失	补水量	排水量
综合	32.6	359.3	479	87
乙炔	17.1	188.1	251	46
供热中心	1.8	19.6	25	4

(3)生活用水水耗偏高。目前,化工二期生活化验用水中包含极少化验用水,主要为职工生活用水。由于大部分职工晚上住宿在格尔木市,其人均生活用水暂不考虑宿舍、洗衣、洗浴用水,概化为日常生活用水+食堂用水,按照《建筑给水排水设计规范》(GB 50015—2003)(2009 年版)要求,日用水定额取 0.1 m³/(人·d),则厂区用水量约为 9 m³/h,排水量按 80%计,为 7 m³/h。

(4)化工二期应加强生产过程中的用水管理,加强供水管网的维护,减少滴、冒、跑、漏。

在现有情况下,核定后化工二期用新水量 2 169 m³/h。

3.2.5.13 硝酸盐业公司一车间进一步节水建议

硝酸硝铵循环水系统循环水量为 4 384 m³/h,循环水站现状循环水浓缩倍率为 2.4,不符合《工业循环冷却水处理设计规范》(GB/T 50050—2017)的要求,分析认为不合理,有节水潜力。本次论证按照循环水浓缩倍率为 4.0 进行核定。

《工业循环水冷却设计规范》(GB/T 50102—2014)规定机械通风塔风吹损失不高于循环水量的 0.1%,结合当地环境气候,风吹损失论证取循环水量的 0.1%;格尔木多年平均气温 5.1 ℃,经查系数 K 值表,K 值为 0.001 1,冷却塔进出口水温差 $\Delta t = 5$ ℃,根据《工业循环水冷却设计规范》(GB/T 50102—2014)中循环冷却水系统蒸发损失率简易公式,计算出蒸发损失率为 0.55%,风吹损失率为 0.1%。循环水系统浓缩倍率按 4.0 计算可得,循环水系统补水量为 32.1 m³/h,排污量为 3.6 m³/h。本项目可节水 1.9 m³/h。

3.2.5.14 硝酸盐业公司二车间进一步节水建议

(1)硝酸硝铵循环水系统循环水量为 4 351 m³/h,循环水站现状循环水浓缩倍率为 3.6,符合《工业循环冷却水处理设计规范》(GB/T 50050—2017)的要求,但仍有节水潜力。

《工业循环水冷却设计规范》(GB/T 50102—2014)规定机械通风塔风吹损失不高于循环水量的 0.1%,结合当地环境气候,风吹损失论证取循环水量的 0.1%;格尔木多年平均气温 5.1 ℃,经查系数 K 值表,K 值为 0.001 1,冷却塔进出口水温差 $\Delta t = 5$ ℃,根据《工业循环水冷却设计规范》(GB/T 50102—2014)中循环冷却水系统蒸发损失率简易公式,计算出蒸发损失率为 0.55%,蒸发损失量为 23.9 m³/h。

硝酸硝铵循环水系统浓缩倍率按 4.0 计算可得,循环水系统补水量为 31.8 m³/h,排污量为 3.5 m³/h。

(2)硝酸钾循环水站现状浓缩倍率为 7.5,符合《工业循环水冷却设计规范》(GB/T 50102—2014)的要求,且补水采用冷凝水,无排污,分析认为合理。但现状风吹蒸发损失水量为 30 m³/h,则风吹蒸发损失率为 0.75%,风吹蒸发损失量偏大。

《工业循环水冷却设计规范》(GB/T 50102—2014)规定机械通风塔风吹损失不高于循环水量的 0.1%,结合当地环境气候,风吹损失论证取循环水量的 0.1%;格尔木多年平均气温 5.1 ℃,经查系数 K 值表,K 值为 0.001 1,冷却塔进出口水温差 $\Delta t = 5$ ℃,根据《工业循环水冷却设计规范》(GB/T 50102—2014)中循环冷却水系统蒸发损失率简易公式,计算可得,蒸发损失率为 0.55%,蒸发损失量为 22 m³/h。本项目可节水 47.64 m³/h。

3.2.5.15 海虹公司进一步节水建议

(1)海虹公司现状循环冷却水系统排水和脱盐水站排水均排入海虹公司晒盐池蒸发处理,建议这部分清净下水回用于钾肥公司作为生产补水。

(2)循环水站现状浓缩倍率为 3.01,循环水站部分补充水为蒸汽冷凝水,建议浓缩倍率可按照 4 进行核定。循环水站补水应为 172.9 m³/h,风吹损失为 16.8 m³/h,蒸发损失为 129.7 m³/h,循环水系统排污为 26.4 m³/h。浓缩倍率提高至 4 后,补水由 429 m³/h 减少至 172.9 m³/h,每年可减少取用新鲜水量 184.4 万 m³。

(3)现状职工生活用水定额为 0.22 m³/(人·d),生活用水定额偏大,按照 0.1 m³/(人·d)进行核定,核定后生活用水量为 2.7 m³/h。

经分析计算,经过上述挖潜后,本项目可节水 344.4 m³/h。

3.2.6 采取节水措施后的现状企业整体水平衡分析

经上述分析,察尔汗重大产业基地目前节水潜力主要表现在以下 3 个方面:

（1）提高循环冷却水系统的浓缩倍率，按照设计值运行，年可节水量 917.5 万 m³，无须大的技改即可实现，经济效益最优。

（2）建设中水处理回用装置，处理回用化工板块、镁业板块的工艺废水，年至少可节水量 1 155.66 万 m³，节水效果明显，但一次性投入较大。

（3）生活污水单独收集处理后与新鲜水掺混作为循环冷却水系统补水，年可节水量 82.9 万 m³，投资较少，节水效果一般。

节水与经济效益密切相关，在现阶段条件下，分析认为提高循环水浓缩倍率和生活污水单独收集处理是节水首要方向，投入少，见效快。

3.2.7　水量平衡结果

经分析在察尔汗重大产业基地采取一定节水措施（提高浓缩倍率等）后，所有项目用水总量为 283 755.9 万 m³/a，取新水总量为 28 612.4 万 m³/a，其中地下水 8 032.4 万 m³/a，格尔木河咸水 2 880 万 m³/a，那棱格勒河地表水 17 700 万 m³/a；基地内总排水量为 26 143.3 万 m³/a，其中外排水量 6 925.6 万 m³/a。

采取节水措施后经核定后的察尔汗基地水量平衡见表 3-7、图 3-4。

表 3-7　采取节水措施后经核定的察尔汗基地水量平衡　　（单位：万 m³/a）

序号	用水单位名称	用水量	新水量	重复利用量		耗水量	排水量	排水说明
				循环量	回用量			
1	镁业公司	117 888.6	3 686.8	114 201.8	0	2 203.9	1 482.9	部分回用于钾肥公司，部分排镁业污水处理站
2	化工公司	100 073.2	2 527.6	97 545.6	0	1 216.9	1 310.7	部分回用于钾肥公司，部分外供蒸汽，部分排化工污水处理站
3	硝酸盐业公司	12 020.6	237.3	11 688.8	94.5	161.5	170.3	部分回用于钾肥公司，部分排蒸发池，部分排化工污水处理站
4	海虹公司	12 680	122.5	12 367.4	190.1	219.7	92.9	部分回用于钾肥公司，部分排晒盐池，部分排化工污水处理站
5	三元公司	4 344.8	590.5	3 729.8	24.5	7.6	607.4	482.8 排尾盐池或盐田，123.1 排西河，1.5 排老卤渠
6	钾肥公司	7 432.8	1 123	5 101.2	1 208.6	55.5	2 276.1	2 123.7 排尾盐池，144.1 排盐田，8.3 排老卤渠
7	盐云公司	110.1	45.2	64.9	0	3.7	41.5	部分排尾盐池，部分排老卤渠

续表 3-7

序号	用水单位名称	用水量	新水量	重复利用量		耗水量	排水量	排水说明
				循环量	回用量			
8	蓝科锂业公司	6 163.3	568.5	5 594.8	0	28.7	539.8	部分排卤水前池,部分排老卤渠
9	科技公司	145.5	44.9	100.6	0	1.3	43.6	部分排盐田,部分排镁业污水处理站
10	元通公司	3 828.3	597.4	3 230.9	0	83.8	513.6	部分排盐田,部分排老卤渠
11	采矿公司	19 021.6	19 021.6	0	0	0.1	19 021.5	部分排盐田,部分排原卤渠,其余为采补平衡引水
12	基地其他公司	47.1	47.1	0	0	4.1	43	部分排镁业污水处理站,部分排化工污水处理站
合计		283 755.9	28 612.4	253 625.8	1 517.7	3 986.8	26 143.3	1 208.6 清净下水回用至钾肥公司,309.1 化工外供蒸汽回用至海虹公司、三元公司、硝酸盐业公司,其余排放

3.2.8　取用耗排分析

3.2.8.1　取水情况

考虑采取一定节水措施后,察尔汗重大产业基地内现有企业取新水总量为 28 612.4 万 m^3/a,其中地下水 8 032.4 万 m^3/a,格尔木河咸水 2 880 万 m^3/a,那棱格勒河地表水 17 700万 m^3/a;生活取水 114.0 万 m^3/a(全部来自地下水),生产取水 28 498.4 万 m^3/a(来自地下水、格尔木河咸水以及那棱格勒河水)。

3.2.8.2　用水情况

考虑采取节水措施后,察尔汗重大产业基地现有企业用水总量为 283 755.9 万 m^3/a,其中重复利用水量为 255 143.5 万 m^3/a,取新水量 28 612.4 万 m^3/a,基地内清净下水复用水量 1 208.6 万 m^3/a,化工外供蒸汽用量为 309.1 万 m^3/a。

3.2.8.3　耗水情况

考虑采取节水措施后,察尔汗重大产业基地内现有企业耗水总量为 3 986.8 万 m^3/a,其中镁业公司和化工公司耗水占比较高,分别为 55% 和 31%。

3.2.8.4　排水情况

考虑采取节水措施后,核定察尔汗重大产业基地内现有企业外排水量为 6 925.6 万 m^3/a,外排水按照水质可以分为以下四类。

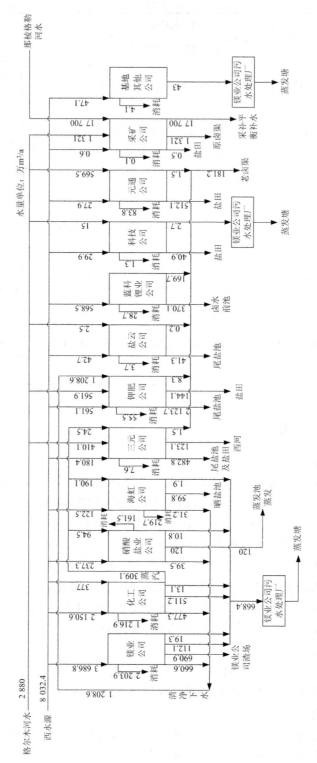

图 3-4　采取节水措施后经核定的察尔汗基地水量平衡图

1.化工板块、镁业板块项目生产废水

化工板块、镁业板块项目生产废水包括镁业公司、化工公司、海虹公司、硝酸盐业公司的生产废水。其中,镁业公司、化工公司的 623.3 万 m^3/a 生产废水排至镁业公司综合废水处理工程处理后送至镁业公司蒸发塘蒸发;镁业公司的金属镁项目和纯碱项目的 690.9 万 m^3/a 生产废水排至镁业公司渣场;硝酸盐业公司的 120 万 m^3/a 含氯化铵冷凝水排至硝酸盐业公司蒸发池蒸发;海虹公司的 59.8 万 m^3/a 生产废水排至海虹公司晒盐池。

2.生活污水

生活污水包括基地各项目生活污水,共 103.5 万 m^3/a,现状基地各项目生活污水排放分为以下两种:

(1)化工板块、镁业板块、其他板块项目生产废水排至镁业公司综合废水处理工程处理后送至蒸发塘蒸发。

(2)钾肥板块、锂业板块项目生产废水处理后排至盐田或老卤渠。

3.钾肥板块及蓝科锂业公司生产废水

钾肥公司、三元公司、元通公司、科技公司、盐云公司、蓝科锂业公司等生产废水均为老卤水,采矿公司生产废水为洗泵排水,这类排水量为 5 205 万 m^3/a,排至各自公司的尾盐池、盐田重复利用,其中采矿公司的 1 321 万 m^3/a 洗泵排水排入原卤渠,蓝科锂业公司的 169 万 m^3/a 生产废水排至老卤渠。

4.三元公司热溶车间结晶器冷却排水

三元公司热溶车间结晶器冷却水采用西河水,年取水量为 319.7 万 m^3,其中 196.6 万 m^3 回用于生产,123.1 万 m^3 排至格尔木西河。

3.2.9　用水指标分析

考虑采取节水措施后,察尔汗重大产业基地内现有企业主要用水指标计算的基本参数见表 3-8。

表 3-8　采取节水措施后察尔汗重大产业基地用水指标计算的基本参数

序号	基本参数名称	单位	基本参数
1	重复利用水量	m^3/h	255 143.5
2	生产过程中总水量	m^3/h	283 755.9
3	全厂生产补新水量	m^3/h	28 612.4
4	全厂生产耗水量	m^3/h	3 986.8
5	排水量	m^3/h	26 143.3
6	回用量	m^3/h	1 517.7

根据表 3-8 的计算参数,基地用水指标计算过程如下,结果见表 3-9。

(1)水重复利用率:255 143.5/283 755.9×100%≈89.9%。

(2)新水利用系数:3 986.8/28 612.4×100%≈13.9%。

(3)外排水回用率 1:1 517.7/26 143.3×100%≈5.8%。

(4)外排水回用率 2:1 517.7/3 238.3×100%≈46.9%(卤水排放、采补平衡补水不作为排水）。

表 3-9　用水指标计算成果

序号	评价指标	单位	计算结果
1	水重复利用率	%	89.9
2	新水利用系数	%	13.9
3	外排水回用率 1	%	5.8
4	外排水回用率 2	%	46.9

3.3　基地内现有企业采取节水措施前后用水指标对比及先进性分析

本次对察尔汗重大产业基地内现有各企业的取水量、用水量、重复用水量、循环水量、回用水量、损耗水量、排水量进行了调查分析,由用水设备到各用水单元,再到各企业,再到整个基地,逐级计算整理、平衡。根据本次取用水调查和水平衡分析核算结果,察尔汗重大产业基地各项目采取节水措施前后主要用水指标统计见表 3-10。

由表 3-10 可知:

(1)现状察尔汗重大产业基地金属镁一体化项目 10 万 t/a 金属镁装置、金属镁一体化项目 100 t/a 甲醇装置、化工公司 100 万 t/a 钾肥综合利用工程、化工公司综合利用项目二期工程、硝酸盐业公司原元通钾盐综合利用项目、科技公司 3 000 t/a 纳浮选剂项目等的循环水浓缩倍率不符合《工业循环冷却水处理设计规范》(GB/T 50050—2017)设计中要求 $N=3$ 的要求。

(2)现状察尔汗重大产业基地金属镁一体化项目 10 万 t/a 金属镁装置、金属镁一体化项目配套 80 万 t/a 电石装置、金属镁一体化项目新增 30 万 t/a 钾碱装置、化工公司 100 万 t 钾肥综合利用工程、化工公司综合利用项目二期工程、科技公司 4 万 t/a 兑卤氯化钾项目、三元公司 7 万 t/a 氯化钾项目、三元公司 10 万 t/a 精制氯化钾项目、盐云公司 5.5 万 t/a 氯化钾技改扩能项目等 9 个项目的单位产品用水量不能满足《青海省行业用水定额》(DB63/T 1429—2015)或《清洁生产标准》的相关定额要求。

(3)察尔汗重大产业基地内现有企业在采取节水措施后,循环冷却水浓缩倍率均符合《工业循环冷却水处理设计规范》(GB/T 50050—2017)的要求。

(4)察尔汗重大产业基地内现有企业在采取一定节水措施后,单位产品水耗不同程度降低,绝大部分项目符合《青海省行业用水定额》(DB63/T 1429—2015)或《清洁生产标准》的要求,达到国内先进水平。但化工公司 100 万 t/a 钾肥综合利用工程、化工公司综合利用项目二期工程、科技公司 4 万 t/a 兑卤氯化钾项目、三元公司 7 万 t/a 氯化钾项目、三元公司 10 万 t/a 精制氯化钾项目、盐云公司 5.5 万 t/a 氯化钾技改扩能项目等 6 个项目单位产品用水量在节水分析后仍无法满足《青海省行业用水定额》(DB63/T 1429—2015)或《清洁生产标准》对应的定额要求。但考虑后期对镁业板块、化工板块的工艺废水进行深度处理回用后,现有企业的用水水平完全可以满足国内先进水平指标要求。

表3-10 察尔汗重大产业基地各项目采取节水措施前后主要用水指标统计

序号	公司名称	项目名称	类别	单位产品水耗（m³/t）	指标评价依据	循环水浓缩倍率	浓缩倍率核算依据
1	青海盐湖镁业有限公司	金属镁一体化项目10万t/a金属镁装置	核定前	59.4	金属镁一体化项目金属镁配套项目水资源论证报告书及批复：金属镁装置用水定额29.56 m³/t	2.6	《工业循环冷却水设计规范》（GB/T 50102—2014）：同系开式冷却水系统设计浓缩倍率不宜小于5.0，且系统设计浓缩倍率不应小于3.0
			核定后	47.6		5	
2		金属镁一体化项目配套100t/a甲醇装置	核定前	6.24	(1)《青海省行业用水定额》：一般值6.5 m³/t；(2)金属镁一体化项目金属镁配套项目水资源论证报告书及批复：甲醇装置7.03 m³/t	2.7	
			核定后	5.38		5.0	
3		金属镁一体化项目配套100万t/a甲醇制烯烃装置	核定前	6.5	《青海省行业用水定额》用水定额：先进值12 m³/t	3.9	
			核定后	4.5		5.0	
4		金属镁一体化项目50 t/a聚氯乙烯装置	核定前	13（含去离子水）8.4（不含去离子水）	(1)《青海省行业用水定额》：一般值16.5 m³/t；(2)《清洁生产标准 氯碱工业（聚氯乙烯）》（HJ 476—2009）新鲜水耗（不含去离子水）：一级≤9.0 m³/t	4.1	
			核定后	11.1（含去离子水）6.5（不含去离子水）		5	
5		金属镁一体化项目配套30万t/a乙烯法PVC装置	核定前	11.6（含去离子水）8（不含去离子水）	(1)《青海省行业用水定额》：一般值16.5 m³/t；(2)《清洁生产标准 氯碱工业（聚氯乙烯）》（HJ 476—2009）（不含去离子水）新鲜水耗：一级≤9.0 m³/t	3.4	
			核定后	9.2（含去离子水）5.6（不含去离子水）		5	
6		金属镁一体化项目配套16万t/a聚丙烯装置	核定前	5.2	《青海省行业用水定额》用水定额：7 m³/t	3	
			核定后	2.8		5	
7		金属镁一体化项目配套80万t/a电石装置	核定前	1.1	(1)《青海省行业用水定额》：一般值1 m³/t；(2)《清洁生产标准 电石行业》（HJ/T 430—2008）新鲜水消耗（冷却用）：三级≤2.0 m³/t	4	
			核定后	1.0		5	
8		金属镁一体化项目PVC配套240万t/a焦化装置	核定前	1.6	(1)《焦化行业准入条件》（2014年修订）：常规焦炉≤2.4 m³/t；(2)《清洁生产标准 炼焦行业》（HJ/T 126—2003）：一级≤2.5 m³/t；(3)《青海省行业用水定额》：先进值2.5 m³/t；(4)金属镁一体化项目PVC配套项目水资源论证报告书及批复：焦化装置1.53 m³/t	3.3	
			核定后	1.1		5	

续表 3-10

序号	公司名称	项目名称	类别	单位产品水耗 (m³/t)	指标评价依据	循环水浓缩倍率	浓缩倍率核算依据
9		金属镁一体化项目新增30万t/a钾碱装置	核定前	8.8 / 6.8(不含去离子水)	(1)《青海省行业用水定额》:一般值6.0 m³/t; (2)《清洁生产标准 氯碱工业(烧碱)》(HJ 475—2009)新鲜水耗(不含去离子水):一级≤6.0 m³/t	3.3	《工业循环冷却水设计规范》(GB/T 50102—2014):冷却系统开式设计浓缩倍率不宜小于5.0,且不应小于3.0
			核定后	6.6 / 4.7(不含去离子水)		5	同系冷却系统开式设计浓缩倍率不宜小于5.0,且不应小于3.0
10	青海盐湖镁业有限公司	金属镁一体化项目100万t/a纯碱装置	核定前	8.0	(1)《青海省行业用水定额》:先进值10 m³/t; (2)《清洁生产标准 纯碱行业》(HJ 474—2009):一级12 m³/t	5	
			核定后	7.8		5	
11		金属镁一体化项目配套400万t/a选煤装置	核定前	0.1	《青海省行业用水定额》:先进值0.1 m³/t	—	
			核定后	0.1		—	
12		青海海镁特镁业有限公司年产5.6万t镁合金项目	—	—	用水量包含在10万t/a金属镁装置中		
13	青海盐湖工业股份有限公司化工分公司	100万t/a钾肥综合利用工程	核定前	氢氧化钾 8.83	《青海省行业用水定额》:一般值6.0 m³/t	2.8	《工业循环冷却水设计规范》(GB/T 50102—2014):冷却系统开式设计浓缩倍率不宜小于5.0,且不应小于3.0
				碳酸钾 2	《青海省行业用水定额》:先进值2.0 m³/t		
				PVC 28.48 / 24.6(不含去离子水)	(1)《青海省行业用水定额》:一般值14.5 m³/t; (2)《清洁生产标准 氯碱工业(聚氯乙烯)》(HJ 476—2009):三级≤10.0 m³/t		
				尿素 12.85	《青海省行业用水定额》:一般值3.3 m³/t(汽提法)		
				甲醇 10.48	《青海省行业用水定额》:一般值6.5 m³/t(天然气法)		
			核定后	氢氧化钾 7.63	《青海省行业用水定额》:一般值6.0 m³/t	4	同系冷却系统开式设计浓缩倍率不宜小于5.0,且不应小于3.0
				碳酸钾 2	《青海省行业用水定额》:先进值2.0 m³/t		
				PVC 26.76 / 22.8(不含去离子水)	(1)《青海省行业用水定额》:一般值14.5 m³/t,先进值7.5 m³/t; (2)《清洁生产标准 氯碱工业(聚氯乙烯)》(HJ 476—2009):三级≤10.0 m³/t		
				尿素 10.52	《青海省行业用水定额》:一般值3.3 m³/t(汽提法)		
				甲醇 9.56	《青海省行业用水定额》:一般值6.5 m³/t(天然气法)		

续表 3-10

序号	公司名称	项目名称	类别	单位产品水耗（m³/t）	指标评价依据	循环水浓缩倍率	浓缩倍率核算依据
14	青海盐湖工业股份有限公司化工分公司	综合利用项目二期工程	核定前	烧碱:6.24 4.8（不含去离子水）	（1）《青海省行业用水定额》:一般值 6.0 m³/t； （2）水资源论证指标:13 m³/t； （3）《清洁生产标准 氯碱工业（烧碱）》（HJ 475—2009）新鲜水耗（不含去离子水）:一级 ≤6.0 m³/t	2.8	《工业循环冷却水设计规范》（GB/T 50102—2014）：同系统开式冷却水浓缩倍率统计设计浓缩率不宜小于5.0,且不应小于3.0
				PVC:22.36 18.8（不含去离子水）	（1）《青海省行业用水定额》:一般值 7.5 m³/t； （2）水资源论证指标:32 m³/t； （3）《清洁生产标准 氯碱工业（聚氯乙烯）》（HJ 476—2009）新鲜水耗（不含去离子水）:三级 ≤10.0 m³/t		
				尿素:10.89	（1）《青海省行业论证指标:3.3 m³/t（汽提法）； （2）水资源论证指标:8.7 m³/t		
			核定后	烧碱:7.0 5.6（不含去离子水）	（1）《青海省行业论证指标 13 m³/t； （2）水资源论证指标 13 m³/t； （3）《清洁生产标准 氯碱工业（烧碱）》（HJ 475—2009）新鲜水耗（不含去离子水）:一级 ≤6.0 m³/t	4	
				PVC:25.8 20.7（不含去离子水）	（1）《青海省行业用水定额》:一般值 7.5 m³/t； （2）水资源论证指标:32 m³/t； （3）《清洁生产标准 氯碱工业（聚氯乙烯）》（HJ 476—2009）新鲜水耗（不含去离子水）:三级 ≤10.0 m³/t		
				尿素:12.5	（1）《青海省行业论证指标:3.3 m³/t（汽提法）； （2）水资源论证指标:8.7 m³/t		

续表 3-10

序号	公司名称	项目名称	类别	单位产品水耗（m³/t）	指标评价依据	循环水浓缩倍率	浓缩倍率核算依据
15	青海盐湖工业股份有限公司钾肥分公司	40万t/a氯化钾项目	核定前	6	《青海省行业用水定额》反浮选工艺:6 m³/t	—	—
			核定后	6	《青海省行业用水定额》反浮选工艺:6 m³/t	—	—
16		100万t/a氯化钾项目	核定前	6	《青海省行业用水定额》反浮选工艺:6 m³/t	—	—
			核定后	6	《青海省行业用水定额》反浮选工艺:6 m³/t	—	—
17		新增100万t/a氯化钾项目	核定前	6	《青海省行业用水定额》反浮选工艺:6 m³/t	—	—
			核定后	6	《青海省行业用水定额》反浮选工艺:6 m³/t	—	—
18		钾肥装置挖潜扩能改造工程	—	—	本工程是钾肥公司另外3个项目的扩能工程，水量随另外3个项目计算	—	—
19	青海盐湖硝酸盐业股份有限公司	原青海盐湖元通钾盐综合利用项目	核定前	3.1	《云南省地方标准·用水定额》硝酸钾:5 m³/t	2.4	《工业循环冷却水设计规范》(GB/T 50102—2014):间冷开式系统浓缩倍率不宜小于5.0,且不应小于3.0
			核定后	3.1	《云南省地方标准·用水定额》硝酸钾:5 m³/t	4	—
20		原青海盐湖元通19万t/a硝酸铵溶液项目	—	—	本项目与原文通20万t/a硝酸钾项目一同计算水量	—	—
21		原文通20万t/a硝酸钾项目	核定前	9.6	《云南省地方标准·用水定额》硝酸钾:5 m³/t	—	—
			核定后	9.4	《云南省地方标准·用水定额》硝酸钾:5 m³/t	—	—
22	青海虹化工有限公司	10万t/a ADC发泡剂一体化工程	核定前	49.99	《黑龙江省地方标准·用水定额》(DB23/T 727—2016):发泡剂:53 m³/t	3	《工业循环冷却水设计规范》(GB/T 50102—2014):同冷开式系统浓缩倍率不宜小于5.0,且不应小于3.0
			核定后	31.55		4	

续表 3-10

序号	公司名称	项目名称	类别	单位产品水耗（m³/t）	指标评价依据	循环水浓缩倍率	浓缩倍率核算依据
23	青海盐湖蓝科锂业股份有限公司	年产 10 000 t 高纯优质碳酸锂项目	核定前	569	《青海省行业用水定额》碳酸锂:600 m³/t	—	—
			核定后	569		—	—
24	青海盐云钾盐有限公司	5.5 万 t 氯化钾技改扩能项目	核定前	6.1(四号工艺) 8.0(正浮选工艺)	《青海省行业用水定额》氯化钾四号工艺:4 m³/t；氯化钾正浮选工艺:8 m³/t	—	—
			核定后	6.1(四号工艺) 8.0(正浮选工艺)		—	—
25	青海盐湖元通钾肥有限公司	原青海盐湖三元 20 万 t/a 氯化钾项目	核定前	7.7	《青海省行业用水定额》氯化钾正浮选工艺:8 m³/t	—	—
			核定后	7.7		—	—
26		40 万 t/a 氯化钾扩能改造项目	—	—	本工程是元通公司 20 万 t/a 氯化钾项目的扩能工程，水量随该项目计算	—	—
27		4 万 t/a 兑卤氯化钾项目	核定前	10.3	《青海省行业用水定额》氯化钾四号工艺:4 m³/t	—	—
			核定后	10.3		—	—
28	青海盐湖晶达科技股份有限公司	3 000 t/a 纳浮选剂项目	核定前	15.3	尚无相关标准或先进指标	1.4	《工业循环冷却水设计规范》(GB/T 50102—2014):间冷开式系统浓缩倍率不宜小于 5.0,且不应小于 3.0
			核定后	8.7		4	
29		2 000 t/a 防结块剂项目	核定前	5.3	尚无相关标准或先进指标	—	—
			核定后	5.3		—	—

续表 3-10

序号	公司名称	项目名称	类别	单位产品水耗（m³/t）	指标评价依据	循环水浓缩倍率	浓缩倍率核算依据
30	青海盐湖三元钾肥股份有限公司	10万t/a精制氯化钾项目	核定前	9.6	《青海省行业用水定额》氯化钾热溶工艺:2.5 m³/t	—	—
			核定后	9.6		—	—
31	青海盐湖工业股份有限公司矿务采矿分公司	7万t/a氯化钾项目	核定前	8.7	《青海省行业用水定额》氯化钾正浮选工艺:8.0 m³/t	—	—
			核定后	8.7		—	—
32	青海盐湖工业股份有限公司采矿分公司	青海省察尔汗盐田采补平衡引水板纽工程	—	—		—	—
33	青海盐湖资产新域管理有限公司	年产100万t水泥粉磨生产线项目	—	—		—	—
34	格尔木市察尔汗行政委员会	格尔木市察尔汗工业社会园区功能服务项目	—	—		—	—
35	青海省运输集团有限公司	察尔汗城镇物流园区项目	—	—		—	—
36	青海盐湖机电装备制造有限公司	金属镁一体化装备制造园非标设备制造项目	—	—		—	—
37	青海盐湖工业股份有限公司物资供应分公司	仓储物流中心一期工程项目	—	—		—	—

第 4 章　取水许可水源、水量符合性分析

4.1　察尔汗重大产业基地各水源可供水量分析

察尔汗重大产业基地现状供水水源分为地下水水源和地表水水源,地下水水源共有西水源地(由镁业公司水源地、青钾水源地、化工公司水源地组成)和东水源地两处水源地,地表水水源为格尔木河尾闾咸水和那棱格勒河地表水。本次依据现有成果,对各水源的可供水量进行简要分析,目的是分析察尔汗重大产业基地现状供水水源可供水量与现状企业需水量之间的保证关系。

4.1.1　格尔木市污水处理厂中水水源

根据《青海省水利厅关于青海盐湖工业集团股份有限公司金属镁一体化项目纯碱配套项目水资源论证报告书的批复》(青水资〔2011〕793 号),青海盐湖集团金属镁一体化项目纯碱配套项目使用西水源地地下水 940.08 万 m^3/a,格尔木市污水处理厂中水 463.92 万 m^3/a。因纯碱配套项目在建设期间,格尔木市污水处理厂的中水已被格尔木藏格钾肥股份有限公司的钾肥项目接管引走使用,实际上无格尔木市污水处理厂中水可供察尔汗基地使用。

4.1.2　地下水水源可供水量分析

4.1.2.1　格尔木冲洪积扇地下水允许开采量评价

1.允许开采量评价综述

格尔木地区已有诸多单位进行过地质、水文地质和供水水文地质工作,地下水允许开采量评价与研究程度较高,主要评价结果见表 4-1。

(1)"格尔木市供水水文地质勘察报告"(1979),按非稳定流预测水位降深法,评价出格尔木冲洪积扇 5 万 m^3/d、10 万 m^3/d、20 万 m^3/d 允许开采量。终审认为,评价出的允许开采量 5 万 m^3/d 可作为布井设计依据,允许开采量 20 万 m^3/d 可作为水源地远景规划依据。

(2)"青海省钾肥厂水源地水文地质详勘报告"(1984),按地下水总补给量减去蒸发消耗量计算,冲洪积扇潜水允许开采量为 180.85 万 m^3/d;按地下水排泄量、开采量与变化量之和计算,求得允许开采量为 207.39 万 m^3/d。针对青海钾肥厂一期工程 3.5 万 m^3/d 的需水,通过大型开采性抽水试验,确定地下水开采量为 5.5 万 m^3/d。

(3)"格尔木河中下游冲洪积扇地下水数学模型及环境地质研究"(1990),根据准三维流双层结构数学模型,采用有限单元数值模拟法,以水量模型为基础,评价出格尔木冲洪积扇地下水允许开采量为 64.87 万 m^3/d,并于 1991 年通过了地质矿产部科学技术司评审。

表 4-1　历次格尔木冲洪积扇地下水允许开采量计算结果统计

项目名称	完成单位	实施时间 （年-月）	提交时间 （年-月）	冲洪积扇地下水允许开采量
格尔木市供水水文地质勘察报告	第一水文地质工程地质队	1977-05～1978-11	1979-11	针对市供水水源地评价出的允许开采量 5 万 m³/d 可作为布井设计依据；允许开采量 20 万 m³/d 可作为远景规划依据
青海省钾肥厂水源地水文地质详细勘测报告	第一水文地质工程地质队	1982-07～1984-12	1984	通过 9 眼开采井的大型抽水试验法，得出 5.5 万 m³/d 的 B 级精度开采资源，且中心孔降深 4.27 m，小于设计降深 5 m；扩大到 6 万 m³/d，开采 1 年后，中心孔水位降深为 5.17 m
格尔木河中下游冲洪积扇地下水数学模型及环境地质研究	柴达木综合地质勘查大队，中国地质大学	1986-04～1990-12	1990-12	采用地下水有限单元数值模拟法，得出 17 万 m³/d 的开采规模是可行的；扩大至 52 万 m³/d 时，水源地附近出现明显的降落漏斗，中心水位下降 7 m 左右；评价出允许开采量为 64.87 万 m³/d
青海省格尔木市水源地（二期工程）供水水文地质勘探报告	柴达木综合地质勘查大队，西安工程学院	1998-08～1999-01	1999-03	针对市二期供水水源地评价出 10 万 m³/d（B 级精度）的允许开采量，达到 23 万 m³/d 开采（含已建水源地开采 13 万 m³/d）时，不会对已建水源地开采和环境造成影响
青海柴达木盆地地下水资源地下水勘查阶段总结报告	青海省地质调查院	1996～2000	2001-11	采用平均布井法计算出格尔木冲积扇潜水允许开采量为 105.56 万 m³/d
柴达木盆地南缘地下水及其环境问题调查评价报告	青海省地质调查院、中国地质环境监测院	2002～2004	2008	通过格尔木河流域水资源数学模型计算，在远期（2030 年）规划开采地下水 35 万 m³/d 的基础上，具有增采 30 万 m³/d 开采能力，即允许开采量为 65 万 m³/d
柴达木盆地循环经济试验区重点地区地下水勘查报告	青海省环境地质勘查局	2011～2014	2015-12	近期规划开采 54 万 m³/d 是可行的，具备 100 万 m³/d 的开采潜力
本次取值				65 万 m³/d

(4)"青海省格尔木市水源地(二期工程)供水水文地质勘探报告"(1999),对格尔木市二期水源地开展了供水水文地质勘查。基于水均衡理论,通过数学模拟评价出 B 级精度 10 万 m^3/d 的允许开采量。认为该水源地总开采量为 23 万 m^3/d(含已建水源地开采 13 万 m^3/d)时,将对青钾水源地水位削减 1.26 m 左右,对东水源地水位削减 0.84 m 左右,对泉集河流量平均仅削减 4.24 万~4.78 万 m^3/d,不会对已建水源的开采和环境造成很大影响。

(5)"青海柴达木盆地南缘地下水勘查阶段总结报告"(2001),采用平均布法计算出格尔木冲洪积扇潜水允许开采量为 105.56 万 m^3/d。

(6)"柴达木盆地地下水资源及其环境问题调查评价报告"(2008),通过水资源数学模型计算,认为在远期(2030 年)规划开采地下水 35 万 m^3/d 的基础上,具有增采 30 万 m^3/d 开采能力,其地下水库的调节库容可达 5 亿 m^3,即允许开采量为 65 万 m^3/d 时,戈壁带开采区的地下水位仍在宜采宜补的合理范围内。

(7)"柴达木盆地循环经济试验区重点地区地下水勘查报告"(2015),采用地下水数学模型模拟演算,提出格尔木冲洪积扇潜水近期规划开采 54 万 m^3/d 是可行的,且具备 100 万 m^3/d 的开采潜力。

2.允许开采量评价

除专门性地下水水源地勘查报告外,多数成果报告评价出的格尔木冲洪积扇潜水允许开采量为 52 万~105.56 万 m^3/d。究其原因是多方面的,但主要与格尔木河历次重大自然-人类工程活动对水资源系统产生的影响有关。

第一均衡期:网状河道补给的平水年。乃吉里水库建成后,对地下水系统影响经多年调整,处于相对稳定期,补给量与排泄量近似相等,地下水总补给量约 151.37 万 m^3/d。

第二均衡期:人工河道启用(1993~1996 年)。人工河道的启用,打破了已建立起的天然均衡状态,引起补排关系变化,表现出区域潜水位的大幅度下降,系统处于负均衡状态,多年平均补给量为 100.89 万 m^3/d,排泄量为 119.98 万 m^3/d。期间的 1994 年,上游温泉水库竣工蓄水,复改变了径流过程,流量随季节变化趋于平稳,具有枯期不枯、汛期稍逊的径流特征。

第三均衡期:1997 年人工河冲毁,河流又恢复为网状河道时期。经分析计算,年内平均补给量为 134.02 万 m^3/d,排泄量为 132.63 万 m^3/d,系统处于正均衡,地下水位普遍略有回升。

2008 年 8 月,南山口一级电站水库蓄水发电,使灌溉枢纽(水文四站)径流量减少,下游河段渗漏补给量随之减少。2009~2012 年,径流量陡增,连续 4 年为超过 20 年一遇丰水年。从开发利用地下水资源角度分析,其重现性是无望的。因此,在地下水资源计算时,数学模型中河流环境的设定不应考虑此种极端径流过程,并为地下水资源评价留足余地。

基于上述,取 65 万 m^3/d 为格尔木冲洪积扇潜水的允许开采量。由于格尔木冲洪积扇已先后开展过 1:1 万~1:10 万主要水源地供水水文地质勘查,1:5 万水文地质调查覆盖整个格尔木冲洪积扇(中国地质调查局西安地质调查中心,2015),因此这一允许开采量的精度级别为 B+C 级。

3.允许开采量保证程度分析

根据《水资源评价导则》(SL/T 238—1999),地下水允许开采量是指在经济合理、技术可能且不发生因开采地下水而造成水位持续下降、水质恶化、海水入侵、地面沉降等水环境问题和不对生态环境造成不良影响的情况下,允许从含水层中取出的最大水量。地下水允许开采量应小于相应地区地下水总补给量。

为进一步说明格尔木冲洪积扇潜水 65 万 m^3/d 允许开采量的合理性与保证程度,本次采用 Modflow 计算程序模拟统计出格尔木冲洪积扇潜水 40 万 m^3/d、45 万 m^3/d、50 万 m^3/d、55 万 m^3/d、60 万 m^3/d、65 万 m^3/d 开采规模下各水循环要素的影响程度,见表 4-2。

表 4-2　潜水递增开采水量情景下水循环要素变化比例统计

开采规模	40 万 m^3/d	45 万 m^3/d	50 万 m^3/d	55 万 m^3/d	60 万 m^3/d	65 万 m^3/d
侧向边界流入量增加量	2.07%	2.36%	2.50%	2.61%	2.69%	2.73%
河水渗漏补给量增加量	43.68%	40.77%	39.24%	37.49%	36.33%	35.34%
沼泽湿地溢出量减少量	4.70%	6.12%	7.11%	8.08%	8.90%	9.64%
蒸发量减少量	28.98%	29.42%	29.02%	28.52%	27.87%	27.15%
侧向边界流出量减少量	0.07%	0.07%	0.06%	0.06%	0.06%	0.05%
泉水溢出量减少量	19.48%	19.66%	20.14%	21.04%	21.75%	22.55%
存储量消耗	1.24%	1.76%	2.06%	2.29%	2.46%	2.59%

注:该表数据由开采 10 年后的数据提取而得。

对水循环要素的影响分析:增采后,在新增水源地周围形成降落漏斗并向外扩展。当潜水位降深传递到潜水浅藏带与泉水泄出带时,泉流量、潜水与沼泽湿地蒸发量呈逐渐下降趋势;潜水位下降与河水间的水位差增大,使得河水渗漏量增加。因此,开采量的增加对水循环要素的影响比例较稳定,且河水渗漏补给量与泉水排泄量的变化都直接影响下游入湖量,入湖减少量等于二者之和。

增加开采量使水资源可利用总量提高,但同时也使部分水循环量变化,如泉水排泄量减少、河水渗漏量增加等,这些量的变化抵消了部分可利用总量。因此,增加开采数量并不等于可利用量的增量。在众多受影响的水循环要素中,只有夺取潜水与沼泽湿地蒸发量才能真正提高水资源的可利用总量。粗略地说,增加开采地下水量,水资源可利用总量可提高增采量的 1/3 左右。

地下水位降深分析:不同开采量情况下,潜水位降深(以 35 万 m^3/d 开采规模水位为参照)随着开采量的增大,潜水位降深不断增大。当开采量分别增加到 45 万 m^3/d、55 万 m^3/d、65 万 m^3/d 时,区域潜水位降深最大值分别为 5 m、8 m 和 10 m 左右。由于水源地现状地下水埋深尚不足 20 m,当开采量小于 65 万 m^3/d 时,潜水位埋深仍在较易开采的范围内。

按降落漏斗范围进行初步计算,当开采量为 60 万 m^3/d 时,仅在疏干体积内就可释放不少于 5 亿 m³ 的水量(可视为调节库容)。因此,应将冲洪积扇戈壁砾石带视为大型天然地下水库,且具极强的调节能力。即使不作为永久性水源地,当开采规模为 65 万 m³/d 时,仅动用调节储量也可维持 5 年以上。

扩采后对盐湖生态的影响:扩采后,河水渗漏补给量增大及泉水排泄量减少,将导致入湖量减少。开采对入湖水量的影响有一年至数年的滞后效应,达到平衡后,湖水减少量约为扩采水量的 58%(其中河水 37%、泉水 21%)。

对模拟计算结果进行统计,将开采对入湖水量及湖水面积的影响整理于表 4-3 中。从表 4-3 可以看出,在 35 万 m³/d 开采规模的基础上,每增加 5 万 m³/d 开采量,在采卤量不变的情况下,盐湖面积大约减小 10 km²。照此推算,在保持 1.6 亿 m³/a 的采卤用水量的情况下,开采规模为 45 万 m³/d 时,入湖水量为 2.60 亿 m³/a,可维持 101.01 km² 的盐湖趋势面积;开采规模为 55 万 m³/d 时,入湖水量 2.41 亿 m³/a,可维持 81.94 km² 的盐湖趋势面积;开采规模为 65 万 m³/d 时,入湖水量 2.23 亿 m³/a,仍可维持 63.56 km² 的盐湖趋势面积。

表 4-3　后备水源开采引起的盐湖面积变化分析

模拟环境	东达布逊湖入湖水量(亿 m³/a)	盐湖采卤用水量(亿 m³/a)	可维持盐湖面积(km²)	与 35 万 m³/d 开采规模相比盐湖面积减少量(km²)
35 万 m³/d 开采规模	2.81	1.60	122.09	0
40 万 m³/d 开采规模	2.70	1.60	110.95	11.14
45 万 m³/d 开采规模	2.60	1.60	101.01	21.08
50 万 m³/d 开采规模	2.51	1.60	91.27	30.82
55 万 m³/d 开采规模	2.41	1.60	81.94	40.15
60 万 m³/d 开采规模	2.32	1.60	72.70	49.39
65 万 m³/d 开采规模	2.23	1.60	63.56	58.53

注:该表数据,由增加开采 10 年后的数据提取而得。

根据《地下水资源分类分级标准》(GB 15218—1994),在同一个水文地质单元内,若包含几个具有水力联系或补给关系的水源地,则各个水源地允许开采量之和不得大于该单元的允许开采量。因此,这一允许资源量成为本次分析的主要约束条件之一。

4.1.2.2　开采潜力分析

1.可开采量分析

根据统计,2016 年格尔木冲洪积扇地下水开采量合计 7 699.65 万 m³(21.09 万 m³/d),与地下水可开采量 23 725 万 m³/a(65 万 m³/d)相比,尚有 16 025.35 万 m³(43.91 万 m³/d)的开采潜力。

2.设计供水能力分析

经调查,现状格尔木冲洪积扇上各个地下水取水工程设计供水能力已达 66.9 万 m³/d [不考虑规划的格尔木市第三水源地(二期、三期 10.1 万 m³/d)和已经由城市管网统一供水的铁路小区的铁路自备水源地],高出格尔木冲洪积扇地下水可开采量 1.9 万 m^3/d。若今后一段时期内,上述工程均达到设计开采能力,则会超过格尔木冲洪积扇地下水可开采量,从而引发地质环境和生态环境等问题。

3.许可水量分析

截至 2017 年 1 月,格尔木区内共有取水许可证 83 套,按照监督管理机关划分,省管 15 套、州管 1 套、市管 67 套;按取水水源划分,其中地下水源 63 套,许可水量 9 313.91 万 m^3。经逐一核对取水地点,扣除格尔木河出山口以上区域,红柳沟、大水沟、孕拉滩及白日其利沟等地下水取水许可证后,取水地点位于格尔木冲洪积扇内的地下水取水许可证共计 34 套,许可水量合计 8 205.39 万 m^3,考虑水资源论证已获得批复尚未办理取水许可的格尔木市第三水源地(一期)1 788.5 万 m^3 和盐湖集团金属镁一体化项目 3 190.92 万 m^3 后,水量合计 13 185.11 万 m^3;与格尔木冲洪积扇地下水可开采量 23 725 万 m^3 相比,尚余 10 539.89 万 m^3 的水量可以支撑取水许可。

若进一步考虑格尔木市第三水源地(二期、三期)3 686.5 万 m^3(10.1 m^3/d)的规划供水量后,则剩余 6 853.39 万 m^3 的水量可供支撑取水许可。

4.综合分析

据调查,2016 年为格尔木冲洪积扇地下水取水量最多的年份,达到了 7 699.65 万 m^3(21.09 万 m^3/d),较以往多出了近 1 400 万 m^3 左右。根据现状用水情况,整个格尔木冲洪积扇尚有 16 025.35 万 m^3(43.91 万 m^3/d)的开采潜力。

经分析,制约格尔木冲洪积扇地下水开采潜力的控制性因素是整个格尔木冲洪积扇内地下水可开采量与已许可水量及批复但尚未取水项目需水量。与格尔木冲洪积扇地下水可开采量 23 725 万 m^3 相比,格尔木冲洪积扇尚余 10 539.89 万 m^3 的水量可以支撑取水许可。若考虑格尔木市第三水源地(二期、三期)3 686.5 万 m^3(10.1 m^3/d)的规划供水量后,则剩余 6 853.39 万 m^3 的水量可以支撑取水许可。

4.1.2.3　盐湖集团现有水源地现状供水能力分析

察尔汗重大产业基地现状地下水取自西水源地和东水源地。西水源地分为青钾西水源地、化工公司水源地、镁业公司水源地三个水源地,现状地下水水源地供水能力为 39.6 万 m^3/d,合计 14 454 万 m^3/a。

1.青钾西水源地

该水源地地下水埋深 18 m,9 口井同深集中开采,供水能力可达 5.5 万 m^3/d。生产期间开动 6~9 口井供水,供水能力为 3.0 万 m^3/d;冬天以生活用水为主,开动 1~2 眼水井,供水能力为 0.8 万 m^3/d。

2.化工公司水源地

该水源地位于青钾水源地南侧的格尔木河(人工河)西侧,格尔木市自来水公司第二水源地以北。北距青钾西水源地约 200 m 处,南距格尔木市自来水公司第二水源地约 1 km。设计供水能力为 13.7 万 m^3/d,开采井数 18 眼。

3.镁业公司水源地

该水源地为格尔木西水源地地下水,紧邻青钾水源地北侧,设计供水能力为 13.9 万 m^3/d,开采井数 18 眼。

4.东水源地

该水源地现状水源地有水井 16 眼,供水能力达 6.5 万 m³/d。

4.1.2.4　盐湖集团现有水源地供水可靠性分析

经统计,盐湖集团现状地下水水源供水能力为 39.6 万 m³/d,合计 14 454 万 m³/a,能够满足盐湖集团现有企业达产条件下的地下水需水量 9 639.3 万 m³,无法满足盐湖集团现有企业在采取节水措施后的地下水需水量 8 196.3 万 m³。

盐湖集团现持有的地下水取水许可证许可水量以及水资源论证批复的地下水取水水量合计为 8 012.74 万 m³,无法能满足盐湖集团现有企业在采取节水措施后的地下水开采水量需求。

4.1.3　格尔木河尾闾咸水可供水量

根据《关于格尔木河流域初始水权(水量)分配方案的批复》(青水资〔2010〕325 号),格尔木河流域水资源总量为 9.840 4 亿 m³,生态需水量为 6.09 亿 m³。第一层级初始水权分配见表 4-4。

表 4-4　第一层级初始水权分配

水资源总量（亿 m³）	生态需水量（亿 m³）	社会经济可利用水资源量（亿 m³）		
		格尔木河	其他小河	合计
9.840 4	6.09	3.750 4	0	3.750 4

钾肥公司、蓝科锂业公司、三元公司、元通公司及采矿公司在位于察尔汗盐湖湖区的西河沿线建设了西河水取水泵站。因盐湖集团的各个西河水取水泵站均位于察尔汗盐湖湖区,其水源为格尔木河下游沼泽湿地地带溢出的泉集河水,从水质上分析亦为咸水(仅氯离子 1 项含量即高达 1 700~1 800 mg/L),不占用社会经济和生态用水指标,不占用用水总量控制指标。

由于西河水的含盐量较高,西河水只能供给钾肥生产过程中化盐、带机脱卤等对水质要求不高的生产工序使用。据统计,2014~2016 年分别取格尔木西河水量 1 790.8 万 m³、1 330.4 万 m³、1 280 万 m³ 左右。

另外,在西河尾闾,盐湖集团建有防洪坝用于防止格尔木河洪水进入湖区造成工程损害,在防洪坝下形成了较大的集水区域(见图 4-1),除采四车间外,估算采矿公司其余生产车间均建有淡水泵站自格尔木西河尾闾集水区域抽取微盐水洗泵,2014~2016 年抽水量分别为 1 243 万 m³、1 426 万 m³、1 321 万 m³ 左右。

根据本次水平衡,察尔汗重大产业基地达产条件下现状需取格尔木河咸水 2 390.4 万 m³/a,节水分析后需取格尔木河咸水 2 880 万 m³/a。

因格尔木西河尾闾未开展水量监测工作,本次现场调查时就尾闾来水量专门咨询过湖区的工作人员,根据介绍,每年形成的集水面积变化较大,夏季时集水面积最小,大约 10 km²,水深为 0.8~3 m,按照夏季最小集水面积和最小水深推算,格尔木西河水尾闾的水量至少为 8 000 万 m³,能够满足察尔汗重大产业基地现状企业的取水需求。

图 4-1　格尔木西河尾闾坝闸下集水区域及盐湖生产泵站分布示意图

4.1.4 那棱格勒河可供水量

4.1.4.1 那棱格勒河概况

那棱格勒河是柴达木盆地最大的内陆河流,发源于昆仑山脉阿尔格山的雪莲山,主要支流有红水河和库拉克阿拉干河两大支流,南支红水河为最大支流。

根据"青海那棱格勒河水利枢纽工程水资源论证报告书"(黄河勘测规划设计研究院有限公司,2016),那棱格勒河出山口地表径流量为 13.12 亿 m^3,计入巴音格勒河进入下游湖区的水量为 0.13 亿 m^3,那棱格勒河地表水资源量为 13.25 亿 m^3。那棱格勒河流域地下水资源量为 9.14 亿 m^3,其中山丘区地下水资源量为 6.91 亿 m^3,平原区地下水资源量为 9.14 亿 m^3,山丘区与平原区地下水重复量为 6.91 亿 m^3。

那棱格勒河水资源总量为 13.86 亿 m^3(1956~2014 年系列),其中地表水资源量为 13.25亿 m^3,地下水资源量为 9.14 亿 m^3,地表水与地下水重复量 8.53 亿 m^3,见表 4-5。

表 4-5　那棱格勒河水资源总量计算　　　　　(单位:亿 m^3)

河流	地表水资源量	地下水资源量				地表水与地下水重复量	水资源总量
		山丘区	平原区	山丘区与平原区重复量	小计		
那棱格勒河	13.25	6.91	9.14	6.91	9.14	8.53	13.86

4.1.4.2 察尔汗盐湖采补平衡引水工程可供水量

察尔汗盐湖采补平衡引水工程位于那棱格勒河南部山前的黑山峡口,渠道引入乌图美仁河,向东引水至西达布逊湖(涩聂湖),全长 130 km,再通过西达布逊湖沿采区周围布置渗水工程将水补充到盐田的盐层中。

根据"青海省察尔汗盐湖采补平衡引水工程水资源论证报告书"批复(青水〔2006〕125 号)的审查意见:

青海省察尔汗盐湖 100 万 t/a 钾肥项目是国家西部大开发重点工程之一,为保证盐湖集团的可持续开发利用,实施引水工程,实现别勒滩区段钾矿资源固液转化和卤水采补平衡,建设该工程是非常必要的。报告对那棱格勒河流域中远期水资源需求做了合理分析和预测,对本流域各盐化工企业的用水需求给予了充分考虑,提出的现阶段水资源可利用量分配方案是基本合理的,察尔汗盐湖采补平衡那棱格勒河引水工程引水量 1.77 亿 m^3 基本可行。

根据引水断面以上来水量保证率分析,丰水年、平水年、枯水年那棱格勒河可引水量 1.01 亿~2.55 亿 m^3,通过合理利用,以丰补歉,可满足察尔汗盐湖采补平衡引水工程多年平均引水量 17 700 万 m^3 的需求。那棱格勒河引水工程 2013~2016 年实际引水天数和引水量统计见表 4-6。

表 4-6　察尔汗盐湖采补平衡那棱格勒河引水工程 2013~2016 年实际引水天数和引水量统计

年份	取水天数 （d）	计划取水量 （万 m³）	实际取水量 （万 m³）
2013	79	17 700	1 000
2014	80	17 700	1 000
2015	83	17 700	1 000
2016	102	17 700	1 000

4.1.4.3　引水存在的问题

1. 引水背景及必要性

察尔汗盐湖钾资源总量 5.4 亿 t,其中卤水钾矿 2.44 亿 t、固体钾矿 2.96 亿 t,晶间卤水工业储量 1.820 8 亿 t。如果仅考虑开采现有卤水矿,不仅可开采卤量有限,开采规模和服务年限也受到限制,而且资源利用率极低;通过固液转化、采补平衡工程,可将固体矿大部分转化为液体矿,将低品位的卤水矿转化为工业品位的卤水矿,将持水度的卤水转为给水度的卤水,不仅延长企业提钾年限,而且提高了资源回用率。通过柴达木盆地钾矿开采技术研究课题攻关,目前青海盐湖集团已经掌握了固体钾矿浸泡式溶解转化方法并获得国家授权发明专利(专利号:CN200810149059.1)。固体钾矿浸泡式溶解转化技术对提升盐湖资源开发水平,增大钾资源的利用率,发展循环经济,大大延长盐湖服务年限有十分重要的战略意义。

固体钾矿浸泡式溶解转化的基本原理就是向地层中注入不饱和溶剂,破坏原有的相平衡,依据相图理论,溶剂与盐层中石盐、光卤石或钾石盐发生交换,形成新的溶液,析出新的固体,达到新的平衡状态。固体钾矿浸泡式溶解转化开采技术核心技术之一是溶剂的制取,主要采用察尔汗盐湖盐田晒制光卤石后的老卤与淡水配制的镁溶剂(老卤溶剂)进行转化。

为加快青海盐湖集团矿产资源节约与综合利用步伐,加大对矿区固体钾资源有效开发,采矿公司建成了那棱格勒河引淡水工程及相应配套工程,最大取水能力为 17 700 万 m³。

根据测算,那棱格勒河引水工程实施后,引入量为 17 700 万 m³,扣除沿途自然蒸发、牧民灌溉用水、居民用水等损失,可利用水量为 8 850 万 m³ 左右,即可增采的原卤量为 8 850 万 m³。

原卤比重 $d = 1.225$,原卤 KCl 含量为 1.8%,老卤排放 KCl 含量为 0.3%,则可增加氯化钾量为:8 850 万 m³×1.225×(1.8%−0.3%) = 162.618 8 万 t。

按照目前钾肥市场价格,可产生经济效益:162.618 8÷0.95(95 钾肥)×1 500 = 25.676 6(亿元)。

通过固体钾矿溶解转化技术成果产业化,实施矿区固体钾矿溶解转化工程,实现了察尔汗矿区固体钾资源的有效开采利用,增加了可采资源储量,目前青海盐湖集团钾肥产能已达 600 万 t,并计划用 5~10 年的时间将企业打造为全球"镁锂钾"行业的领军巨头,这一宏愿得到习近平总书记的肯定。2016年8月22日习近平总书记视察盐湖时指出,盐湖资源是青海最重要的资源,也是国家重要的战略性资源。为贯彻落实习近平总书记重要讲话精神,盐湖集团始终坚定走循环经济综合利用发展道路,继续实施并扩大察尔汗盐湖固体钾矿溶解转化项目工程。

2.引水面临的问题

盐湖集团每年计划通过察尔汗盐湖采补平衡引水枢纽取水17 700万 m³用于固体钾盐转化。那陵格勒河属季节性河流,河道水量完全取决于上游降水情况和发电站排水情况。2010年特大洪水造成河道拓宽,河道水位降低,同时将修建完成的滚水坝冲毁,导致盐湖集团取水工作无法正常开展,近年来每年从那棱格勒河实际取水1 000万 m³左右。

为实现矿区补大于采,保障钾肥产量,盐湖集团采取了一系列有效措施加大引水量:

(1)每年4月安排EX210挖掘机进行破冰引水。

(2)安排EX210挖掘机全年不间断疏通那棱格勒河引水渠道。

(3)在那棱格勒河分水处修筑拦水坝,增加引水量。

(4)同时,盐湖集团"钾肥板块前系统采区卤水提质增量应急工程"计划于2017年投资3 000万元专项资金用于那棱格勒河引水工程,进而提升那棱格勒河引水量。

3.引水工程存在的问题

根据现场查勘,目前察尔汗盐湖采补平衡引水工程存在取水头部被洪水冲毁、引水渠道存在一定淤积问题,且下游过水河流——乌图美仁河属于蜿蜒度极高的河流,不利于过水。若按照14 m³/s、连续5个月持续引水,可能存在较大风险。建议下一步盐湖集团尽快完成取水头部的复建工作,同时高度重视下游乌图美仁河的高蜿蜒度问题,采取必要措施,裁弯取直,确保察尔汗盐湖采补平衡引水工程按照设计正常引水。

4.2　现有企业的取水许可与实际水源、水量对比分析

4.2.1　镁业公司

根据《关于青海盐湖工业集团股份有限公司金属镁一体化项目纯碱配套项目水资源论证报告书的批复》(青水资〔2011〕793号)、《关于青海盐湖工业集团股份有限公司金属镁一体化项目金属镁配套项目水资源论证报告书的批复》(青水资〔2011〕794号)和《关于青海盐湖工业集团股份有限公司金属镁一体化项目PVC配套项目水资源论证报告书的批复》(青水资〔2011〕795号),镁业公司的100万t/a纯碱装置、10万t/a氯化钙装置、10万t/a金属镁装置、100万t/a甲醇装置、100万t/a甲醇制烯烃装置、400万t/a选煤装置、240万t/a焦炭装置、80万t/a电石装置、50万t/a聚氯乙烯装置和动力站装置共批复水量3 655.56万 m³/a,其中格尔木西水源地下水3 191.64万 m³/a,格尔木市污水处理厂中水463.92万 m³/a。

盐湖集团镁业公司金属镁一体化项目水资源论证批复水源、水量与现状实际水源、水量统计见表4-7。

表 4-7 金属镁一体化项目水资源论证批复水源、水量与现状实际水源、水量统计

（单位：万 m³/a）

序号	公司名称	项目名称	取水许可或水资源论证批复水源与水量	现状水源与水量	符合性分析	节水分析后水源与水量	符合性分析
1	青海盐湖镁业有限公司	10万t/a金属镁装置	西水源地下水:1 202.60	西水源:603.2	不符合:现状取水1 455.7,超过批复水量	西水源:478.6	符合:分析后取水1 143.2,未超批复水量
2		配套100万t/a甲醇装置		西水源:629.3		西水源:509.2	
3		配套100万t/a甲醇制烯烃装置		西水源:223.2		西水源:155.4	
4		配套30万t/a乙烯法PVC装置	无	西水源:347.5	不符合	西水源:275.0	不符合
5		配套16万t/a聚丙烯装置	无	西水源:83.3	不符合	西水源:46.0	不符合
6		50万t/a聚氯乙烯装置	(1)西水源地下水:1 048.2;(2)批复水量包括50万t PVC装置588.5,电石装置85.4,焦化装置370.2,选煤装置4	西水源:649.2	符合	西水源:555.2	符合
7		配套80万t/a电石装置		西水源:97.3	不符合	西水源:105.5	不符合
8		配套240万t/a焦化装置		西水源:413.8	符合	西水源:264.2	符合
9		配套400万t/a选煤装置		西水源:44.4	不符合	西水源:4.4	不符合
10		100万t/a纯碱装置	(1)西水源地下水:940.08;格尔木市污水处理厂中水:463.92 (2)批复水量包括纯碱装置892.8,氯化钙装置43.3,热电装置463.92	西水源:960.7	不符合:现状取水960.7,超过批复水量中的892.8	西水源:772.3	符合:分析后取水772.3,未超过批复水量中的892.8
11		新增30万t/a钾碱装置	无	西水源:265.2	不符合	西水源:198.2	不符合
12	青海海镁特镁业有限公司	年产5.6万t镁合金项目	无	用水包含在10万t/a金属镁装置中	—	用水包含在10万t/a金属镁装置中	—

　　结合实际调查,由表 4-7 可知:

　　(1)格尔木市污水处理厂中水被藏格钾肥全部使用,目前盐湖集团镁业公司金属镁一体化项目实际没有使用格尔木市污水处理厂的中水。

　　(2)金属镁一体化项目 10 万 t/a 金属镁装置、100 t/a 甲醇装置、100 万 t/a 甲醇制烯烃装置共持有水资源论证批复水量为西水源地下水 1 202.60 万 m^3/a,现状实际取西水源地下水 1 455.7 万 m^3/a,超出了批复水量;但其正在调试阶段,全系统流程尚未打通,水系统流程也未完全打通,待正常运行后其取水 1 143.2 万 m^3/a,符合水资源论证批复要求;并可结余出 59.4 万 m^3/a 地下水许可指标供盐湖集团内部调剂使用。

　　(3)金属镁一体化项目 50 t/a 聚氯乙烯装置、240 万 t/a 焦化装置、80 万 t/a 电石装置、400 万 t/a 选煤装置共持有水资源论证批复水量为:西水源地下水 1 048.2 万 m^3/a,现状取西水源地下水 1 204.7 万 m^3/a,超出了批复水量;但其正在调试阶段,待正常运行后取水 929.3 万 m^3/a,总量符合水资源论证批复要求,但 80 万 t/a 电石装置、400 万 t/a 选煤装置等 2 个单体项目取水量略超出水资源论证批复水量。

　　(4)金属镁一体化项目 100 万 t/a 纯碱装置、10 t/a 氯化钙装置、动力站[由 2×250 t/h+4×480 t/h 循环流化床锅炉(3 用 1 备)+1×260 t/h 燃气锅炉及 2×50 MW 双抽凝汽式汽轮机+3×50 MW 高压背压式汽轮机组成]共持有水资源论证批复水量为:西水源地下水 940.08 万 m^3/a,格尔木市污水处理厂中水 463.92 万 m^3/a。

　　现状取西水源地下水 1 161.5 万 m^3/a,格尔木市污水处理厂中水尚未使用,超出了批复水量和批复水源;在正常运行后取水 1 130.1 万 m^3/a(其中动力站无格尔木市污水处理厂中水可用,只能取用 200.8 万 m^3/a 地下水替代;100 万 t/a 纯碱装置需取用地下水772.3 万 m^3/a),从总量上来看,973.1 万 m^3/a 符合水资源论证批复要求,但在水源上不符合水资源论证批复要求。10 万 t/a 氯化钙装置目前缓建。

　　(5)金属镁一体化项目配套 30 万 t/a 乙烯法 PVC 装置、16 万 t/a 聚丙烯装置、新增 30 万 t/a 钾碱装置以及青海海镁特镁业有限公司年产 5.6 万 t 镁合金项目等 4 个项目未持有取水许可或水资源论证批复手续,经核定后共需水 519.2 万 m^3/a。

　　(6)经用水调查和水平衡分析核定,镁业公司金属镁一体化所有项目在采取节水措施后共需水量 3 686.8 万 m^3/a;而目前水资源论证共批复水量 3 655.56 万 m^3/a,其中格尔木西水源地下水 3 191.64 万 m^3/a,格尔木市污水处理厂中水 463.92 万 m^3/a;考虑到格尔木市污水处理厂的中水已被藏格钾肥项目使用,同时盐湖集团现有地下水水源地供水能力有富余,考虑用地下水替代中水进行供水,亦不能满足整个金属镁一体化所有项目的用水需求。

4.2.2　化工公司

　　化工公司综合利用一期、二期项目持有取水许可证水源、水量与现状实际水源、水量统计见表 4-8。

表4-8　化工公司项目取水许可水源、水量与现状实际水源、水量统计　（单位：万 m³/a）

序号	公司名称	项目名称	取水许可或水资源论证批复水源与水量	现状水源与水量	符合性分析	节水分析后水源与水量	符合性分析
1	青海盐湖工业股份有限公司化工分公司	100万t钾肥综合利用工程	东水源：1 200	西水源：972.8	不符合	东水源：751.6	符合
2		综合利用项目二期工程	西水源：1 118.4	西水源：1 344	不符合	西水源：1 399	不符合

结合实际调查，由表4-8可知：

（1）青海盐湖工业股份有限公司化工分公司100万t钾肥综合利用工程持有东水源许可水量1 200万 m³/a，现状达产条件下需取地下水972.8万 m³/a；采取节水分析需取水751.6万 m³/a，项目取水量在许可水量之内，且可结余448.4万 m³/a许可指标供盐湖集团内部调剂使用。

（2）青海盐湖工业股份有限公司化工分公司综合利用项目二期工程持有取水许可水量为：西水源地下水1 118.4万 m³/a，现状化工公司项目达产条件下须取西水源地下水1 344万 m³/a，超出了许可水量；采取节水措施后需用水1 399万 m³/a，仍超出许可水量280.6万 m³。

4.2.3　钾肥公司

盐湖集团钾肥公司新老氯化钾项目、挖潜扩能改造工程持有取水许可证批复水源、水量与现状实际水源、水量统计见表4-9。

表4-9　钾肥公司取水许可水源、水量与现状实际水源、水量统计　（单位：万 m³/a）

序号	公司名称	项目名称	取水许可或水资源论证批复水源与水量	现状水源与水量	符合性分析	节水分析后水源与水量	符合性分析
1	青海盐湖工业股份有限公司钾肥分公司	40万t/a氯化钾项目	西水源地下水：600 格尔木河咸水：201	西水源：37.7；格尔木河咸水：13.1；基地清净下水：311	地下水、格尔木河咸水符合。现状取西水源地下水561.1，小于许可水量；取格尔木河咸水72.3，未超过许可水量	西水源：37.7；格尔木河咸水：103.1；基地清净下水：221	地下水符合，格尔木河咸水不符合。现状取西水源地下水561.1，小于许可水量；取格尔木河咸水561.9，超过许可水量
2		100万t/a氯化钾项目		西水源：173.3；格尔木河咸水：29.2；基地清净下水：694		西水源：173.3；格尔木河咸水：230.2；园区清净下水：493	
3		新增100万t/a氯化钾项目		西水源：350.1；格尔木河咸水：30；基地清净下水：693.3		西水源：350.1；格尔木河咸水：227.8；园区清净下水：495.4	
4		钾肥装置挖潜扩能改造工程		用水随钾肥公司其他3项目计		用水随钾肥公司其他3项目计	

　　结合实际调查,由表4-9可知:

　　(1)钾肥公司现状持有取水许可水量为:西水源地下水 600 万 m³/a、格尔木河咸水 201 万 m³/a。现状钾肥公司 40 万 t/a 氯化钾项目、100 万 t/a 氯化钾项目、新增 100 万 t/a 氯化钾项目达产条件下需取西水源地下水 561.1 万 m³/a,取格尔木河咸水 72.3 万 m³/a,取盐湖集团复用水 1 698.2 万 m³/a。其中,西水源地下水取水量和格尔木河咸水均在许可水量范围内。

　　(2)在对察尔汗重大产业基地内项目进行节水分析后,由于复用水量减少,钾肥公司 40 万 t/a 氯化钾项目、100 万 t/a 氯化钾项目、新增 100 万 t/a 氯化钾项目达产条件下需取西水源地下水 561.1 万 m³/a,取格尔木河咸水 561.9 万 m³/a,取盐湖集团复用水 1 208.6 万 m³/a。其中,西水源地下水取水量在许可水量范围内,并可结余出 38.9 万 m³/a 许可指标供盐湖集团内部调剂使用;而格尔木河咸水取水量超过了许可水量。

4.2.4　硝酸盐业公司

　　盐湖集团硝酸盐业公司项目水资源论证批复水源、水量与现状实际水源、水量统计见表4-10。

表 4-10　硝酸盐业公司水资源论证批复水源、水量与现状实际水源、水量统计

(单位:万 m³/a)

序号	公司名称	项目名称	取水许可或水资源论证批复水源与水量	现状水源与水量	符合性分析	节水分析后水源与水量	符合性分析
1	青海盐湖硝酸盐业股份有限公司	原青海盐湖元通钾盐综合利用项目	西水源地下水:520.6	西水源:91.8;化工蒸汽:20	符合	西水源:90.3;化工蒸汽:20	符合
2		原青海盐湖元通 19 万 t/a 硝酸铵溶液项目	无	西水源:85.8;化工蒸汽:2.5	不符合	西水源:51.9;化工蒸汽:2.5	不符合
3		原文通 20 万 t 硝酸钾项目	无	西水源:99.4;化工蒸汽:72	不符合	西水源:95.1;化工蒸汽:72	不符合

　　结合实际调查,由表4-10可知:

　　(1)原青海盐湖元通钾盐综合利用项目水资源论证批复水量为:西水源地下水 520.6 万 m³/a,现状项目达产条件下需取西水源地下水 91.8 万 m³/a,取化工蒸汽 20 万 m³/a;采取节水措施后取西水源地下水 90.3 万 m³/a,取化工蒸汽 20 万 m³/a,取水量均在水资源论证批复水量之内。可结余出 430.3 万 m³/a 地下水许可指标供盐湖集团内部调剂使用。

　　(2)原青海盐湖元通 19 万 t/a 硝酸铵溶液项目现状达产条件下取西水源地下水 85.5 万 m³/a,取化工蒸汽 2.5 万 m³/a;采取节水措施后取西水源地下水 51.9 万 m³/a,取化工蒸汽 2.5 万 m³/a。该项目均未持有取水许可或水资源论证批复手续。

　　(3)原文通 20 万 t 硝酸钾项目现状达产条件下需取西水源地下水 99.4 万 m³/a,取化

工公司蒸汽 72 万 m³/a;采取节水措施后需取西水源地下水 95.1 万 m³/a,取化工公司蒸汽 72 万 m³/a。该项目未持有取水许可或水资源论证批复手续。

4.2.5 海虹公司

盐湖集团海虹公司 ADC 发泡剂一体化工程项目水资源论证批复水源、水量与现状实际水源、水量统计见表 4-11。

表 4-11 海虹公司水资源论证批复水源、水量与现状实际水源、水量统计

（单位:万 m³/a）

序号	公司名称	项目名称	取水许可或水资源论证批复水源与水量	现状水源与水量	符合性分析	节水分析后水源与水量	符合性分析
1	青海盐湖海虹化工有限公司	10 万 t/a ADC 发泡剂一体化工程	西水源:370.1;盐湖二期除盐水:260.6	西水源:370.9;化工蒸汽:190.1	符合	西水源:122.5;化工蒸汽:190.1	符合

结合实际调查,由表 4-11 可知:

青海盐湖集团海虹公司 10 万 t/a ADC 发泡剂一体化工程的水资源论证批复水量为:西水源 370.1 万 m³/a,盐湖二期除盐水 260.6 万 m³/a。

项目现状达产条件下需取西水源地下水 370.9 万 m³/a,取化工蒸汽 190.1 万 m³/a;采取节水措施后需取西水源地下水 122.5 万 m³/a,取化工蒸汽 190.1 万 m³/a,取水水量均在水资源论证批复水量之内。采取节水措施后可结余出 247.6 万 m³/a 地下水许可指标、70.5 万 m³/a 除盐水指标供盐湖集团内部调剂使用。

4.2.6 蓝科锂业公司

盐湖集团蓝科锂业公司优质碳酸锂项目水资源论证批复水源、水量与现状实际水源、水量统计见表 4-12。

表 4-12 蓝科锂业公司水资源论证批复水源、水量与现状实际水源、水量统计

（单位:万 m³/a）

序号	公司名称	项目名称	取水许可或水资源论证批复水源与水量	现状水源与水量	符合性分析	节水分析后水源与水量	符合性分析
1	青海盐湖蓝科锂业股份有限公司	年产 10 000 t 高纯优质碳酸锂项目	西水源:231;格尔木河咸水:433	西水源:568.5	总量符合,水源不符	西水源:568.5	总量符合,水源不符

结合实际调查,由表 4-12 可知:

蓝科锂业公司年产 10 000 t 高纯优质碳酸锂项目持有水资源论证批复水量为:西水

源 231 万 m³/a,格尔木河咸水 433 万 m³/a。项目现状达产条件下需取水量为 568.5 万 m³/a;用水合理性分析后取水量不变。

该项目由于工艺变更,格尔木河咸水水质不符合生产要求,现状全部取自西水源地下水,因此本项目现状达产条件下需水总量在水资源论证批复水量之内,但水源与水资源论证批复不符,可结余出 433 万 m³/a 格尔木河咸水指标,同时需增加 337.5 万 m³/a 地下水取水指标。

4.2.7 盐云公司

盐湖集团盐云公司氯化钾技改扩能项目取水许可水源、水量与现状实际水源、水量统计见表 4-13。

表 4-13 盐云公司取水许可水源、水量与现状实际水源、水量统计 (单位:万 m³/a)

序号	公司名称	项目名称	取水许可或水资源论证批复水源与水量	现状水源与水量	符合性分析	节水分析后水源与水量	符合性分析
1	青海盐云钾盐有限公司	5.5 万 t 氯化钾技改扩能项目	无	西水源:42.7;格尔木河咸水:2.5	不符合	西水源:42.7;格尔木河咸水:2.5	不符合

结合实际调查,由表 4-13 可知:

盐云公司 5.5 万 t 氯化钾技改扩能项目没有取水许可或水资源论证批复手续。该项目达产条件下需取西水源地下水 42.7 万 m³/a,取格尔木河咸水 2.5 万 m³/a;用水合理性分析后取水量不变。

4.2.8 元通公司

盐湖集团元通公司原三元氯化钾、氯化钾扩能改造项目取水许可批复水源、水量与现状实际水源、水量统计见表 4-14。

表 4-14 元通公司取水许可批复水源、水量与现状实际水源、水量统计

(单位:万 m³/a)

序号	公司名称	项目名称	取水许可	现状水源与水量	符合性分析	节水分析后水源与水量	符合性分析
1	青海盐湖元通钾肥有限公司	原青海盐湖三元 20 万 t/a 氯化钾项目	格尔木河咸水:350	西水源:27.9;格尔木河咸水:569.5	不符合	西水源:27.9;格尔木河咸水:569.5	不符合
2		40 万 t/a 氯化钾扩能改造项目	无	用水随元通公司 20 万 t/a 氯化钾项目计		用水随元通公司 20 万 t/a 氯化钾项目计	

结合实际调查,由表 4-14 可知:

元通公司年产 20 万 t/a 氯化钾项目持有取水许可水量为:格尔木河咸水 350 万 m^3/a。该项目现状达产条件下需取西水源地下水 27.9 万 m^3/a,取格尔木河咸水 569.5 万 m^3/a;用水合理性分析后取水量不变。现状取用西水源地下水未经许可,需增加 27.9 万 m^3/a 地下水取水指标,且格尔木河咸水取水量亦超出许可水量 219.5 万 m^3/a。

4.2.9　科技公司

盐湖集团科技公司兑卤氯化钾、钠浮选剂、防结块剂项目取水许可批复水源、水量与现状实际水源、水量统计见表 4-15。

表 4-15　科技公司取水许可批复水源、水量与现状实际水源、水量统计

(单位:万 m^3/a)

序号	公司名称	项目名称	取水许可或水资源论证批复水源与水量	现状水源与水量	符合性分析	节水分析后水源与水量	符合性分析
1	青海盐湖晶达科技股份公司	4 万 t/a 兑卤氯化钾项目	格尔木河咸水:6	西水源:26.2;格尔木河咸水:15	不符合	西水源:26.2;格尔木河咸水:15	不符合
2		3 000 t/a 纳浮选剂项目	无	西水源:4.6	不符合	西水源:2.6	不符合
3		2 000 t/a 防结块剂项目	无	西水源:1.1	不符合	西水源:1.1	不符合

结合实际调查,由表 4-15 可知:

(1)科技公司 4 万 t/a 兑卤氯化钾项目持有取水许可水量为:格尔木河咸水 6 万 m^3/a,该取水许可于 1999 年办理,目前正在积极办理换证手续。

该项目现状达产条件下需取西水源地下水 26.2 万 m^3/a,取格尔木河咸水 15 万 m^3/a;用水合理性分析后取水量不变。现状取用西水源地下水取水未经许可,需新增地下水指标 26.2 万 m^3/a,且格尔木河取水量超出许可水量 9 万 m^3/a。

(2)科技公司 3 000 t/a 纳浮选剂项目没有取水许可或水资源论证批复手续。该项目现状达产条件下需取西水源地下水 4.6 万 m^3/a;采取节水措施后需取西水源地下水 2.6 万 m^3/a,需新增地下水指标 2.6 万 m^3/a。

(3)科技公司 2 000 t/a 防结块剂项目没有取水许可或水资源论证批复手续。该项目现状达产条件下需取西水源地下水 1.1 万 m^3/a;用水合理性分析后取水量不变,需新增地下水指标 1.1 万 m^3/a。

4.2.10　三元公司

盐湖集团三元公司精制氯化钾、氯化钾项目取水许可批复水源、水量与现状实际水源、水量统计见表 4-16。

表 4-16 三元公司取水许可批复水源、水量与现状实际水源、水量统计

（单位:万 m³/a）

序号	公司名称	项目名称	取水许可或水资源论证批复水源与水量	现状水源与水量	符合性分析	节水分析后水源与水量	符合性分析
1	青海盐湖三元钾肥股份有限公司	10万t/a精制氯化钾项目	无	西水源:166.9;格尔木河咸水:319.7	不符合	西水源:166.9;格尔木河咸水:319.7	不符合
2		7万t/a氯化钾项目	无	西水源:13.5;格尔木河咸水:90.4	不符合	西水源:13.5;格尔木河咸水:90.4	不符合

结合实际调查,由表 4-16 可知:

（1）三元公司 10 万 t/a 精制氯化钾项目没有取水许可或水资源论证批复手续。该项目现状达产条件下需取西水源地下水 166.9 万 m³/a,取格尔木河咸水 319.7 万 m³/a;用水合理性分析后取水量不变,需新增西水源地下水指标 166.9 万 m³/a,新增格尔木河咸水取水指标 319.7 万 m³/a。

（2）三元公司 7 万 t/a 氯化钾项目没有取水许可或水资源论证批复手续。该项目现状达产条件下需取西水源地下水 13.5 万 m³/a,取格尔木河咸水 90.4 万 m³/a;用水合理性分析后取水量不变,需新增地下水指标 13.5 万 m³/a,新增格尔木河咸水取水指标 90.4 万 m³/a。

4.2.11 采矿公司

盐湖集团采矿公司采补平衡引水枢纽工程现持有水资源论证批复水源、水量与现状实际水源、水量统计见表 4-17。

表 4-17 采矿公司现持有水资源论证批复水源、水量与现状实际水源、水量统计

（单位:万 m³/a）

序号	公司名称	项目名称	取水许可或水资源论证批复水源与水量	现状水源与水量	符合性分析	节水分析后水源与水量	符合性分析
1	青海盐湖工业股份有限公司采矿服务分公司	青海省察尔汗盐田采补平衡引水枢纽工程	那棱格勒河水:17 700	那棱格勒河水:1 000;格尔木河咸水:1 321;地下水:0.6	不符合	那棱格勒河水:17 700;格尔木河咸水:1 321;地下水:0.6	不符合

结合实际调查,由表 4-17 可知:

青海省察尔汗盐田采补平衡引水枢纽工程持有取水许可水量为:那棱格勒河水 17 700 万 m³/a,由于原引水枢纽坝体于 2010 年被洪水冲垮,目前处于无坝引水状态,枯水季节常面临无水可取的情况,近几年取水量均在 1 000 万 m³ 左右,无法达到设计取水量。

目前,新的引水工程已开始重新设计并计划今年建成投运,引水工程由那棱格勒河经渠道引入乌图美仁河,再向东引水至西达布逊湖(涩聂湖)。因乌图美仁河河道蜿蜒曲折,不利于引水,本书建议引水工程重新设计时考虑对乌图美仁河进行河道整治已保证取水安全。

采矿公司 2016 年原卤采集量为 40 989 万 m^3,溶剂补给量 29 328 万 m^3;2017 年预计原卤采集量 45 000 万 m^3,溶剂补给量 40 000 万 m^3。现状情况下,溶剂补给量小于原卤采集量,"采""补"不平衡。若长期无法补给足够的水量,"采""补"差距越来越大,将导致"采"大于"补",固液转化率失衡,从而影响盐湖集团钾肥生产以及盐湖资源的综合利用。

4.2.12　察尔汗重大产业基地其他项目

察尔汗重大产业基地其他项目取水许可批复水源、水量与现状实际水源、水量统计见表 4-18。

表 4-18　其他项目取水许可批复水源、水量与现状实际水源、水量统计

(单位:万 m^3/a)

序号	公司名称	项目名称	取水许可或水资源论证批复水源与水量	现状水源与水量	符合性分析	节水分析后水源与水量	符合性分析
1	青海盐湖新域资产管理有限公司	年产 100 万 t 水泥粉磨生产线项目	无	西水源:0.2	不符合	西水源:0.2	不符合
2	格尔木市察尔汗行政委员会	格尔木市察尔汗工业园社会功能服务区项目	无	西水源:43.8	不符合	西水源:43.8	不符合
3	青海省运输集团有限公司	察尔汗城镇物流园区项目	无	西水源:0.7	不符合	西水源:0.7	不符合
4	青海盐湖机电装备制造有限公司	金属镁一体化装备制造园非标设备制造项目	无	西水源:1	不符合	西水源:1	不符合
5	青海盐湖工业股份有限公司物资供应分公司	仓储物流中心一期工程项目	无	西水源:1.3	不符合	西水源:1.3	不符合

结合实际调查,由表 4-18 可知:

青海盐湖新域资产管理有限公司年产 100 万 t 水泥粉磨生产线项目、格尔木市察尔汗行政委员会格尔木市察尔汗工业园社会功能服务区项目、青海省运输集团有限公司察尔汗城镇物流园区项目、青海盐湖机电装备制造有限公司金属镁一体化装备制造园非标设备制造项目、青海盐湖工业股份有限公司物资供应分公司仓储物流中心一期工程等 5 个项目,这 5 个项目取水量较小,达产条件下需取水量共 47.1 万 m^3/a,现状这 5 个项目均未持有取水许可或水资源论证批复手续,需新增地下水指标 47.1 万 m^3/a。

4.3 察尔汗基地整体取水许可与实际水源、水量对比分析

4.3.1 察尔汗基地整体持有的许可水源与水量

察尔汗重大产业基地现有企业共持有的取水许可和水资源论证批复水量为:地下水 7 231.02 万 m^3/a,格尔木河咸水 990 万 m^3/a,除盐水 260.6 万 m^3/a,中水 463.92 万 m^3/a,那棱格勒河地表水 17 700 万 m^3/a,均为盐湖集团持有。

察尔汗重大产业基地现有项目现状共持有的除盐水取水许可水量为 260.6 万 m^3/a,这部分除盐水取自化工公司,按照现状化工公司除盐水产水率(82%)换算得地下水原水水量为 317.8 万 m^3/a,即可视为现状持有许可水量为:地下水 7 548.82 万 m^3/a,格尔木河咸水 990 万 m^3/a,那棱格勒河地表水 17 700 万 m^3/a,中水 463.92 万 m^3/a。

根据批复,基地内镁业公司金属镁一体化纯碱配套项目的中水许可水量为 463.92 万 m^3/a,由格尔木市污水处理厂供水;因纯碱配套项目在建设期间,格尔木市污水处理厂的中水已被格尔木藏格钾肥股份有限公司的钾肥项目接管引走使用,实际上无格尔木市污水处理厂中水可供使用;现状这部分补水只能采用地下水代替。因此,可视为现状察尔汗产业基地持有的许可水量为:地下水 8 012.74 万 m^3/a,格尔木河咸水 990 万 m^3/a,那棱格勒河地表水 17 700 万 m^3/a。

4.3.2 现有企业实际水源与水量

根据前述分析,察尔汗重大产业基地现有企业在达产条件下需取地下水 9 446.5 万 m^3/a,格尔木河咸水 2 390.4 万 m^3/a,那棱格勒河多年平均情况下取水 17 700 万 m^3/a,其中地下水考虑 2% 的管道输水损失后取水量为 9 639.3 万 m^3/a。

经分析节水潜力核定水量后,取地下水 8 032.4 万 m^3/a,格尔木河咸水 2 880 万 m^3/a,那棱格勒河多年平均情况下取水 17 700 万 m^3/a,其中地下水考虑 2% 的管道输水损失后取水量为 8 196.3 万 m^3/a。

盐湖集团现持有的地下水取水许可证许可水量以及水资源论证批复的地下水取水水量合计为 8 012.74 万 m^3/a,无法满足盐湖集团现有企业在采取节水措施后的地下水需水水量 8 196.3 万 m^3/a;持有的格尔木河咸水许可水量为 990 万 m^3/a,无法满足察尔汗重大产业基地现状企业 2 880 万 m^3/a 的取水需求。

建议下一步盐湖集团尽快完成取水头部的复建工作,同时高度重视下游乌图美仁河的高蜿蜒度问题,采取必要措施,裁弯取直,确保察尔汗盐湖采补平衡引水工程按照设计正常引水。

统计察尔汗基地内企业采取一定节水措施后各种水源需水量与批复或许可水量相比的结余水量或新增水量见表 4-19。由表 4-19 可知,采取一定节水措施后,察尔汗基地内企业持有的地下水批复或许可水量为万 7 231.02 万 m^3/a,需新增地下水量 424.32 万 m^3/a;持有的脱盐水批复水量为 260.6 万 m^3/a,需新增脱盐水量 48.5 万 m^3/a;持有的中水批复水量为 463.92 万 m^3/a,结余中水水量为 463.92 万 m^3/a;持有的格尔木河咸水批复水量为 990 万 m^3/a,需新增格尔木河咸水量为 1 890 万 m^3/a。

表 4-19　采取一定节水措施后察尔汗基地项目各种水源水量与批复或许可水量相比的结余水量或新增水量　（单位：万 m³/a）

序号	公司名称	项目名称	批复地下水量	新增或节余地下水量	批复脱盐水量	新增或节余脱盐水量	批复中水水量	新增或节余中水水量	批复格尔木河咸水量	新增或节余格尔木河咸水量
1	青海盐湖镁业有限公司	金属镁一体化项目 10 万 t/a 金属镁装置	—	—	—	—	—	—	—	—
2		金属镁一体化项目配套 100 万 t/a 甲醇装置	1 202.60	−59.4	—	—	—	—	—	—
3		金属镁一体化项目配套 100 万 t/a 甲醇制烯烃装置			—	—	—	—	—	—
4		金属镁一体化项目配套 30 万 t/a 乙烯法 PVC 装置	—	275.0	—	—	—	—	—	—
5		金属镁一体化项目配套 16 万 t/a 聚丙烯装置	—	46.0	—	—	—	—	—	—
6		金属镁一体化项目 50 万 t/a 聚氯乙烯装置	1 048.2	−118.9	—	—	—	—	—	—
7		金属镁一体化项目 80 万 t/a 电石装置			—	—	—	—	—	—
8		金属镁一体化项目配套 240 万 t/a 焦化装置			—	—	—	—	—	—
9		金属镁一体化项目配套 400 万 t/a 选煤装置			—	—	—	—	—	—
10		金属镁一体化项目新增 30 万 t/a 钾碱装置	—	198.2	—	—	—	—	—	—
11		金属镁一体化项目 100 万 t/a 纯碱装置	940.08	154.82	—	—	463.92	−463.92	—	—
12		青海海镁特镁业有限公司年产 5.6 万 t 镁合金项目	—	—	—	—	—	—	—	—
13	青海盐湖工业股份有限公司化工分公司	100 万 t 钾肥综合利用工程	1 200	−448.4	—	—	—	—	—	—
14		综合利用项目二期工程	1 118.4	280.6	—	—	—	—	—	—
15	青海盐湖工业股份有限公司钾肥分公司	40 万 t/a 氯化钾项目			—	—	—	—	—	—
16		100 万 t/a 氯化钾项目	600	−38.9	—	—	—	—	—	—
17		新增 100 万 t/a 氯化钾项目			—	—	—	—	201	360.9
18		钾肥装置挖潜扩能改造工程			—	—	—	—	—	—

续表 4-19

序号	公司名称	项目名称	批复地下水量	新增或节余地下水量	批复脱盐水量	新增或节余脱盐水量	批复中水水量	新增或节余中水水量	批复格尔木河咸水量	新增或节余格尔木河咸水量
19	青海盐湖硝酸盐业股份有限公司	原青海盐湖元通钾盐综合利用项目	520.6	-430.3	—	20	—	—	—	—
20	原青海盐湖元通 19 万 t/a 硝酸铵溶液项目		—	51.9	—	2.5	—	—	—	—
21	原文通 20 万 t 硝酸钾项目		—	95.1	—	72	—	—	—	—
22	青海盐湖海虹化工有限公司	10 万 t/a ADC 发泡剂一体化工程	370.1	-247.6	260.6	-70.5	—	—	—	—
23	青海盐湖蓝科锂业股份有限公司	年产 10 000 t 高纯优质碳酸锂项目	231	337.5	—	—	—	—	433	-433
24	青海盐云钾盐有限公司	5.5 万 t 氯化钾技改扩能项目	—	42.7	—	—	—	—	—	2.5
25	青海盐湖元通钾肥有限公司	原青海盐湖三元 20 万 t/a 氯化钾项目	—	27.9	—	—	—	—	350	219.5
26	40 万 t/a 氯化钾扩能改造项目		—	—	—	—	—	—	—	—
27	青海盐湖晶达科技股份有限公司	4 万 t/a 兑卤氯化钾项目	—	26.2	—	—	—	—	6	9
28	3 000 t/a 纳浮选剂项目		—	2.6	—	—	—	—	—	—
29	2 000 t/a 防结块剂项目		—	1.1	—	—	—	—	—	—
30	青海盐湖三元钾肥股份有限公司	10 万 t/a 精制氯化钾项目	—	166.9	—	24.5	—	—	—	319.7
31	7 万 t/a 氯化钾项目		—	13.5	—	—	—	—	—	90.4
32	青海盐湖工业股份有限公司采矿服务分公司	青海省察尔汗盐田采补平衡引水枢纽工程	—	0.6	—	—	—	—	—	1 321

续表 4-19

序号	公司名称	项目名称	批复地下水量	新增或节余地下水量	批复脱盐水量	新增或节余脱盐水量	批复中水量	新增或节余中水量	批复格尔木河咸水量	新增或节余格尔木河咸水量
33	青海盐湖新域资产管理有限公司	年产100万t水泥粉磨生产线项目	—	0.2	—	—	—	—	—	—
34	格尔木市察尔汗行政委员会	格尔木市察尔汗工业园社会功能服务区项目	—	43.8	—	—	—	—	—	—
35	青海省运输集团有限公司	察尔汗城镇物流园区项目	—	0.7	—	—	—	—	—	—
36	青海盐湖机电装备制造有限公司	金属镁一体化装备制造园非标设备制造项目	—	1	—	—	—	—	—	—
37	青海盐湖工业股份有限公司物资供应分公司	仓储物流中心一期工程项目	—	1.5	—	—	—	—	—	—
	合计		7 231.02	424.32	260.6	48.5	463.92	−463.92	990	1 890

注:新增按照+,结余按照−。

4.3.3　现状企业实际取水与许可情况符合性分析

（1）察尔汗重大产业基地现有企业现状达产条件下需取地下水量为 9 639.3 万 m^3/a，格尔木河取水量为 2 390.4 万 m^3/a，那棱格勒河取水量为 17 700 万 m^3/a，现状持有许可水量无法满足现状察尔汗重大产业基地需水量，缺口为地下水 1 626.56 万 m^3/a，格尔木河水 1 400.4 万 m^3/a。

（2）采取节水措施后，察尔汗重大产业基地现有企业地下水需水量为 8 196.3 万 m^3/a，格尔木河水需水量为 2 880 万 m^3/a，那棱格勒河需水量为 17 700 万 m^3/a，现状持有水量无法满足察尔汗重大产业基地现有企业的需水量，缺口为地下水 183.56 万 m^3/a，格尔木河咸水 1 890 万 m^3/a。

察尔汗重大产业基地现有企业需水量与持有许可水量符合性分析统计见表 4-20。

表 4-20　察尔汗重大产业基地现有企业需水量与持有许可水量符合性分析统计

（单位：万 m^3/a）

项目		需水量	持有许可水量	许可水量是否满足需求	水量缺口
现状	地下水取水量	9 639.3	8 012.74	否	1 626.56
	格尔木河咸水取水量	2 390.4	990	否	1 400.4
	那棱格勒河地表水取水量	17 700	17 700	是	—
采取节水措施后	地下水取水量	8 196.3	8 012.74	否	183.56
	格尔木河咸水取水量	2 880	990	否	1 890
	那棱格勒河地表水取水量	17 700	17 700	是	—

4.4　取水许可存在的问题及建议

（1）盐湖集团现持有的地下水取水许可水量以及水资源论证批复的地下水取水量合计为 8 012.74 万 m^3，无法满足盐湖集团现有企业在采取节水措施后的地下水需水量 8 196.3 万 m^3；格尔木西河水尾间的水量至少在 8 000 万 m^3 以上，能够满足察尔汗重大产业基地现状企业 2 880 万 m^3/a 的取水需求；丰水年、平水年、枯水年那棱格勒河可引水量 1.01 亿~2.55 亿 m^3，通过合理利用、以丰补歉，可满足察尔汗盐湖采补平衡引水工程多年平均引水量 17 700 万 m^3 的需求。

（2）察尔汗重大产业基地内现有企业共有钾肥公司 40 万 t/a 氯化钾项目、钾肥公司 100 万 t/a 氯化钾项目、钾肥公司新增 100 万 t/a 氯化钾项目、钾肥公司钾肥装置挖潜扩能改造工程、硝酸盐业公司原青海盐湖元通钾盐综合利用项目、海虹公司 10 万 t/a ADC 发泡剂一体化工程等 6 个项目现状取水情况符合取水许可或水资源论证批复手续要求。

（3）察尔汗重大产业基地内现有企业共有金属镁一体化项目配套 30 万 t/a 乙烯法

PVC 装置等 17 个项目未办理取水许可和水资源论证手续,建议尽快向水行政主管部门专题汇报,尽快补办手续。

(4)察尔汗重大产业基地内现有企业共有金属镁一体化项目 10 万 t/a 金属镁装置等 14 个项目取水水源或取水量与取水许可、水资源论证批复手续不符,建议尽快向水行政主管部门专题汇报,完善手续。

(5)在将察尔汗重大产业基地整体考虑的情况下,察尔汗重大产业基地内现有企业现状达产条件下总体持有的取水许可和水资源论证批复水量尚无法满足现有企业用水需求,缺口为地下水 1 626.56 万 m^3/a,格尔木河咸水 1 400.4 万 m^3/a。在采取节水措施后,地下水和格尔木河咸水许可水量无法满足察尔汗重大产业基地现有企业用水需求,缺口为地下水 183.56 万 m^3/a,格尔木河咸水 1 890 万 m^3/a。

第 5 章　察尔汗重大产业基地现状企业水计量设施配备情况

5.1　水计量设施配备相关规定

5.1.1　相关规定

《取水许可管理办法》(水利部令第 34 号)第四十二条规定:取水单位或者个人应当安装符合国家法律法规或者技术标准要求的计量设施,对取水量和退水量进行计量,并定期进行检定或者核准,保证计量设施正常使用和量值的准确、可靠。

《取水许可和水资源费征收管理条例》(国务院令第 460 号)第四十三条规定:取水单位或者个人应当依照国家技术标准安装计量设施,保证计量设施正常运行,并按照规定填报取水统计报表。

5.1.2　相关规范要求

《取水许可技术考核与管理通则》(GB/T 17367—1998)第 4 条"基础考核要求"中规定:取水许可申请人或持证人应建立以下技术档案:取水水源、水工程名称、水量、水质;取水线路图;用水过程图;退水路线图;水量计量系统图;取水、用水状况;退水状况。

5.2　现状各企业水计量器具的配备情况

本次取用水调查和水平衡分析统计了察尔汗重大产业基地内各项目水计量装置配备情况。

5.2.1　镁业公司

5.2.1.1　10 万 t/a 金属镁装置

针对 10 万 t/a 金属镁装置,现状配备了生产用水、脱盐水用水、生活用水的一级计量装置,退水未安装计量设施。金属镁装置现状水计量设施统计见表 5-1,供水管道及计量设施实景图见图 5-1。

表 5-1　金属镁装置现状水计量设施统计

序号	水表编号	位置	计量范围(m³/h)	水表型号	精度	说明
1	130 – FI – 0008	厂区管网 A3 – A6	0 ~ 800	3051DP1A22A1AS4M5/ 485L100ZS HPS2T10003H1	±0.2%	脱盐水
2	130 – FI – 0009	厂区管网 A3 – A6	0 ~ 1 200	50W1H – UC0B1AA0ABAW	±0.2%	生产水
3	130 – FI – 0010	厂区管网 A3 – A6	0 ~ 80	50W4H – UC0B1AA0ABAW	±0.2%	生活水

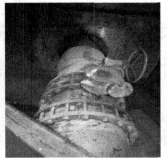

（a）脱盐水用水总表　　　　（b）生产用水总表　　　　（c）生活用水总表

图 5-1　金属镁装置供水管道及计量设施实景图

5.2.1.2　100 万 t/a 甲醇装置

针对 100 万 t/a 甲醇装置，现状配备了厂区计量总表，可对厂区总用水量进行计量，但生活用水和生产用水无法分开计量，且未配备退水计量设施。甲醇装置现状水计量设施统计见表 5-2。

表 5-2　甲醇装置现状水计量设施统计

介质	介质起止点	水表编号	计量器具名称	规格型号	测量范围	精度等级
生产水	综合水泵房至甲醇厂	0847T－0002	超声波流量计	93PA1－AB1B20BGBGAA	0～2 000 m³/h	±1%

5.2.1.3　100 万 t/a 甲醇制烯烃装置

针对 DMTO 装置，现状主要在生产水总管和循环水系统等安装了计量设施，生活用水及退水等未安装计量。现状计量水表配备情况见表 5-3。

表 5-3　100 万 t/a DMTO 装置现状计量水表配备情况

序号	水表编号	计量范围	水表型号	水表精度	说明
1	FIQ1941A	0～3 000 t/h	超声波流量计 7ME3210－4PA25－1QC0－ZY17	±1%	循环水系统
2	FIQ1941B	0～1 800 t/h	超声波流量计 7ME3210－4PA25－1QC0－ZY17	±1%	循环水系统
3	FIQ1942	0～120 000 kg/h	超声波流量计 7ME3210－4PA25－1QC0－ZY17	±1%	生产水
4	FIQ1943	0～3 000 t/h	超声波流量计 7ME3210－4PA25－1QC0－ZY17	±1%	循环水系统
5	FIQ1944	0～82 000 kg/h	差压流量计 EJA110A－EMS5B－9CDB/NS11	±0.1%	除氧水
6	FIQ1945	0～3 000 kg/h	差压流量计 EJA110A－EMS5B－9CDB/NS11	±0.1%	除氧水
7	FIQ1953A	0～3 600 kg/h	超声波流量计 7ME3210－4PA25－1QC0－ZY17	±1%	循环水系统
8	FIQ1953B	0～3 600 kg/h	超声波流量计 7ME3210－4PA25－1QC0－ZY17	±1%	循环水系统
9	FIQ1953C	0～3 600 kg/h	阿里巴流量计 PAF1HXA1AA3A2	±0.75%	循环水系统
10	FIQ1954A	0～3 600 kg/h	超声波流量计 7ME3210－4PA25－1QC0－ZY17	±1%	循环水系统
11	FIQ1954B	0～3 600 kg/h	超声波流量计 7ME3210－4PA25－1QC0－ZY17	±1%	循环水系统
12	FIQ1954C	0～3 600 kg/h	阿里巴流量计 PAF1HXA1AA3A2	±0.75%	循环水系统

5.2.1.4　50万 t/a 聚氯乙烯装置

针对50万 t/a 聚氯乙烯装置,现状主要在生产水总管和生活用水总管以及主要生产用水单元等安装了计量设施,但脱盐水进水口和退水未安装计量设施。50万 t/a PVC装置现状计量水表配备情况见表5-4,计量设施布置示意图见图5-2,装置流量计配备实景图见图5-3。

表5-4　50万 t/a PVC 装置现状计量水表配备情况

序号	位号	形式	被测介质	测量范围(m^3/h)	精度
1	561FQI6202（进装置总流量计）	电磁流量计	生活水	0～25	±0.5%
2	561FQI6201（进装置总流量计）	电磁流量计	生产水	0～1 000	±0.5%
3	504FQI5460	电磁流量计	生产水	0～250	±0.5%
4	501FQI5303	电磁流量计	生产水	0～100	±0.5%
5	505FQI5807	电磁流量计	生产水	0～50	±0.5%
6	514FQI1401	电磁流量计	生产水	0～60	±0.5%
7	551FQI5102	电磁流量计	生产水	0～160	±0.5%
8	517BFT2118B	电磁流量计	生产水	0～100	±0.5%
9	517BFT2020B	电磁流量计	生产水	0～10	±0.5%
10	517BFT2119B	电磁流量计	生产水	0～20	±0.5%
11	517AFT2118A	电磁流量计	生产水	0～100	±0.5%
12	517AFT2120A	电磁流量计	生产水	0～10	±0.5%
13	517AFT2119A	电磁流量计	生产水	0～20	±0.5%
14	512AFQI1201A	电磁流量计	生产水	0～300	±0.25%
15	512BFQI1201B	电磁流量计	生产水	0～300	±0.25%
16	520FT2308A/B	电磁流量计	生产水	0～2	±0.5%
17	513FQI1301	电磁流量计	生产水	0～300	±0.25%
18	550FQI5004	电磁流量计	生产水	0～80	±0.5%
19	518BFT2203A/B	电磁流量计	生产水	0～20	±0.5%

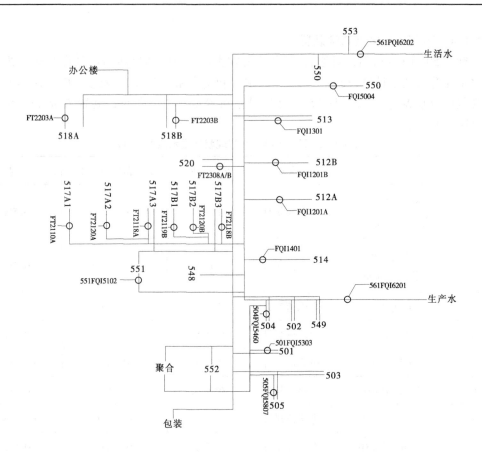

图5-2　50万 t/a PVC 装置流量计布置示意图

（a）生活用水总管　　　　　　　　（b）生产用水总管

图5-3　50万 t/a PVC 装置流量计配备实景图

5.2.1.5　130万 t/a 乙烯法 PVC 装置

针对30万 t/a 乙烯法 PVC 装置,现状在生产用水总管、生活用水总管、脱盐水用水总管以及主要生产用水单元等安装了计量设施,退水未安装计量设施。30万 t/a 乙烯法 PVC 装置现状计量设施配备情况统计见表5-5,计量设施实景图见图5-4。

表 5-5 30 万 t/a 乙烯法 PVC 装置现状计量设施配备情况统计

序号	位号	形式	被测介质	测量范围(m³/h)
1	90FQI9508	XMT868i ~ 1 – 11 – 00 – 0316 – 0	生产水	0 ~ 60
2	90FQI4009	AXF100G – EIAL1S – BD21 – 21B/CH/SCT	生产水	2.827 5 ~ 282.74
3	90FQI9511	SE202MN – EAA1C – LS2 – A2H2/SCT/Q1C/NF1/S	生活水	0.54 ~ 17.6
4	90FQI4011	SE205MM – EARSC – LS2 – A2H2/SCT/QZS/S	生活水	2.13 ~ 70.6
5	90FQI9520	XMT868i ~ 1 – 11 – 00 – 0316 – 0	脱盐水	0 ~ 35
6	90FQI4005	OPTISWIR 4070 C	脱盐水	0 ~ 240

图 5-4 30 万 t/a 乙烯法 PVC 装置计量设施实景图

5.2.1.6 16 万 t/a 聚丙烯装置

针对 16 万 t/a 聚丙烯装置,现状在生产用水总管和循环水系统以及脱盐水进口等处安装了计量水表,生活用水总管及废污水排放口等均未安装计量。16 万 t/a 聚丙烯装置计量水表配备情况统计见表 5-6。

表 5-6 16 万 t/a 聚丙烯装置计量水表配备情况统计

序号	水表编号	计量范围	水表型号	水表精度	说明
1	FIQ9042 – 2	0 ~ 35 t/h	超声波流量计 7ME3210 – 4PA25 – 1QC0 – ZY17	±1%	脱盐水总进料流量计
2	FIQ1901 – 3	0 ~ 4 000 t/h	超声波流量计 7ME3210 – 4PA25 – 1QC0 – ZY17	±1%	循环水冷却水供水总流量计
3	FI4002 – 1	0 ~ 1 200 t/h	超声波流量计 7ME3210 – 4PA25 – 1QC0 – ZY17	±1%	反应气循环冷却器流量计
4	FI5214 – 2	0 ~ 1 200 t/h	超声波流量计 7ME3210 – 4PA25 – 1QC0 – ZY17	±1%	尾气回收循环水冷却器总流量计
5	FIQ9403 – 2	0 ~ 120 000 kg/h	超声波流量计 7ME3210 – 4PA25 – 1QC0 – ZY17	±1%	生产水供水总流量计

5.2.1.7　80 万 t/a 电石装置

针对 80 万 t/a 电石装置,现状在生产水、生活水总口安装地下水表,但未对项目退水配备计量装置。80 万 t/a 电石装置现状计量水表配备情况统计见表 5-7。

表 5-7　80 万 t/a 电石装置现状计量水表配备情况统计

序号	类别	水表名称	规格	标准号
1	生产给水	可拆卸螺翼式水表	DN150 PN10	LXLC – 150
2	生活给水	可拆卸螺翼式水表	DN100 PN10	LXLC – 100

5.2.1.8　240 万 t/a 焦化装置

针对 240 万 t/a 焦化装置,现状在生产进水口、生活进水口安装计量水表,未对脱盐水进水口和退水配备计量设施。焦化装置计量设施配备统计见表 5-8,计量设施实景图见图 5-5。

表 5-8　焦化装置现状水计量设施配备统计

计量设备名称	介质	介质起止点	水表编号	计量器具名称	规格型号	测量范围（m³/h）	精度等级
超声波	生产水	综合水泵房至焦化厂	FR – 87031	超声波流量计	91WA1 – AA2J10ACA4AA	0 ~ 2 000	±1%
超声波	生活水		DWS – 91201 – 100	普通水表	LXLC – 200 型	最大量程 0.000 1 ~ 99 999	B 级

图 5-5　焦化装置水计量设施实景图

5.2.1.9　新增 30 万 t/a 钾碱装置

针对新增 30 万 t/a 钾碱装置,现状在生产用水、生活用水以及脱盐水进水口安装有计量总表,但未对退水进行计量。30 万 t/a 钾碱装置水计量设施配备统计见表 5-9,水计量设施配备位置示意图见图 5-6,实景图见图 5-7。

表 5-9 30 万 t/a 钾碱装置水计量设施配备统计

序号	水表编号	工作介质	所在位置	测量范围（m^3/h）	水表型号	精度等级
1	95FT - 0001	生产水	一次盐水区域	0 ~ 400	8750WBET2A1FNSA080CDDM4	±0.5%
2	95FT - 0003	生活水	一次盐水区域	0 ~ 40	8750WBET2A1FNSA030CDDM4	±0.5%
3	95FT - 0008	脱盐水	进循环水站入口	0 ~ 180	8600DF060SK1N1D1M5CM	±0.75%
4	95FT - 342	脱盐水	进电解区域纯水罐 D - 340 进口	0 ~ 150	8600DF040SK1N1D1M5C	±0.75%
5	95FT - 1403	生产水	进循环水站入口	0 ~ 350	8705WBET2A1FNSA080CDDM4	±0.5%

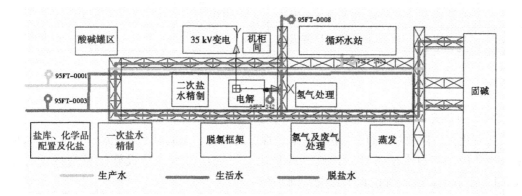

图 5-6　30 万 t/a 钾碱项目水计量设施配备位置示意图

图 5-7　水计量设施实景图

5.2.1.10　100 万 t/a 纯碱装置

针对 100 万 t/a 纯碱装置,对现状生活用水总管、生产用水总管和脱盐水总管配备了计量总表,未对退水配备计量设施。现状 100 万 t/a 纯碱装置水计量设施配备情况统计见表 5-10。

表 5-10　现状 100 万 t/a 纯碱装置水计量设施配备情况统计

序号	水表编号	所在位置	计量范围 （m³/h）	水表型号	水表精度
1	210030205	生活给水水表外管	0～50	MFE15117111003EH1431151S	±0.5%
2	FT092F02000	低压生产水水表外管	0～1 890	93PA1 – AB2F20A3BGAA	±0.5%
3	E2014110	脱盐水水表外管	30～280	DFB301312110021CH2 – 325/6 mm	±0.5%

5.2.1.11　400 万 t/a 选煤装置

针对 400 万 t/a 选煤装置，对现状生活用水、生产用水总管配备了计量总表，未对退水配备计量设施。现状 400 万 t/a 选煤装置水计量设施配备情况统计见表 5-11。

表 5-11　400 万 t/a 选煤装置水计量设施配备情况统计

序号	类别	水表名称	公称通径（mm）	公称压力（MPa）
1	生活给水	E – mag 电磁流量传感器	100	1.6
2	生产给水	E – mag 电磁流量传感器	200	1.6

5.2.2　化工公司

5.2.2.1　100 万 t/a 钾肥综合利用工程（化工一期项目）

针对化工一期项目，对现状生产用水总管以及各主要车间进水口配备了计量水表，但未对生活用水和退水配备计量设施。现状化工一期项目水计量设施配备情况统计见表 5-12，水计量设施配备位置示意图见图 5-8。

表 5-12　化工一期项目水计量设施配备情况统计

序号	水表编号	所在位置	计量范围 （m³/h）	水表型号	水表精度	说明
1	0241	化工公司淡水	0～5 400	MF/E081XX21201ER11	±0.5%	
2	FT03X700 – 01	一期乙炔车间	0～1 000	3051	±1%	
3	01FT – 1302	一期钾碱车间	0～60	3051	±1%	
4	02 – FT – 0402	一期钾碱车间碳酸钾	0～10	3051	±1%	
5		空分车间		机械水表	±1.5%	
6		甲醇车间		机械水表	±1.5%	
7	M – 05 – 01385B M – 05 – 01389B	供热中心		LXLC – 400	±1%	2 台
8		PVC 车间	0～50		±0.5%	
9	08 – FI – 0201	一期动力车间	0～600	3051	±1%	
10	FI03X1300 – 02	一期动力	0～400	3051	±1%	

5.2.2.2　综合利用项目二期工程（化工二期项目）

针对化工二期项目，现状对生产用水总管以及各主要车间进水口配备了计量水表，但未对生活用水和退水配备计量设施。现状化工二期项目水计量设施配备情况统计见

表 5-13,水计量设施配备位置示意图见图 5-9。

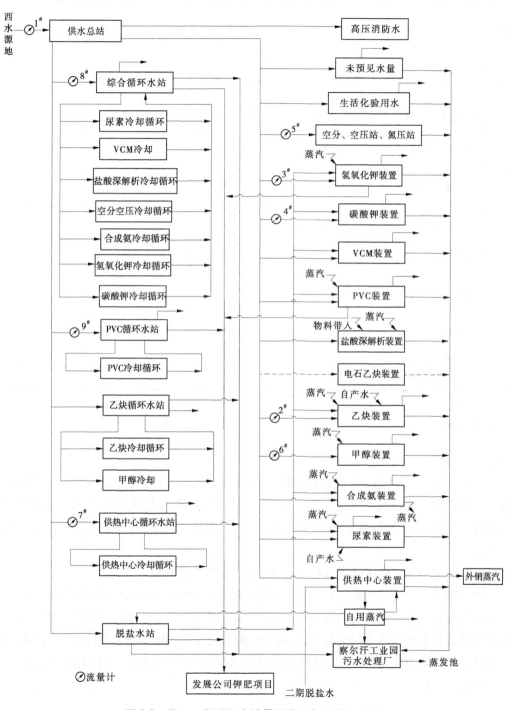

图 5-8 化工一期项目水计量设施配备位置示意图

表 5-13 化工二期项目水计量设施配备情况统计

序号	水表编号	所在位置	计量范围 (m³/h)	水表型号	水表精度
1	0240	二期化工公司淡水	0 ~ 5 400	MF/E081XX21201ER11	±0.5%
2	FT203X700 – 01	二期乙炔车间	0 ~ 1 000	3051	—
3	FT – 2014502	二期烧碱	0 ~ 200	—	±1%
4	FIQ – 1002	二期合成氨车间	0 ~ 30	3051	±1%
5	FT – 0902	二期尿素车间	—	—	±1%
6	215 – FIQ – 302	酸回收车间	—	3051	±1%
7	208 – FT – 0201	二期综合补水	0 ~ 1 200	3051	±1%
8	208 – FT – 0301	二期乙炔补水	0 ~ 600	3051	±1%
9	M – 05 – 01385B M – 05 – 01389B	二期供热中心	—	LXLC – 400	±1%

5.2.3 钾肥公司

5.2.3.1 40 万 t/a 氯化钾项目

针对钾肥公司 40 万 t/a 氯化钾项目,对现状淡水生产用水总管、地表水生产用水总管、生活用水总管以及各主要用水单元配备了计量水表,但复用水与西河水未分开计量,且未对退水配备计量设施。现状 40 万 t/a 氯化钾项目水计量设施配备情况统计见表 5-14。

5.2.3.2 100 万 t/a 氯化钾项目和新增 100 万 t/a 氯化钾项目

针对现状钾肥公司 100 万 t/a 氯化钾项目和新增 100 万 t/a 氯化钾项目合并生产,共同组成钾肥公司生产一车间,对现状西水源进水总管、复用水与西河水用水总管、生活用水总管以及各主要生产车间配备了计量设施,但复用水与西河水未分开计量,且未对退水进行计量。现状 100 万 t/a 氯化钾项目和新增 100 万 t/a 氯化钾项目水计量设施配备情况统计见表 5-15。

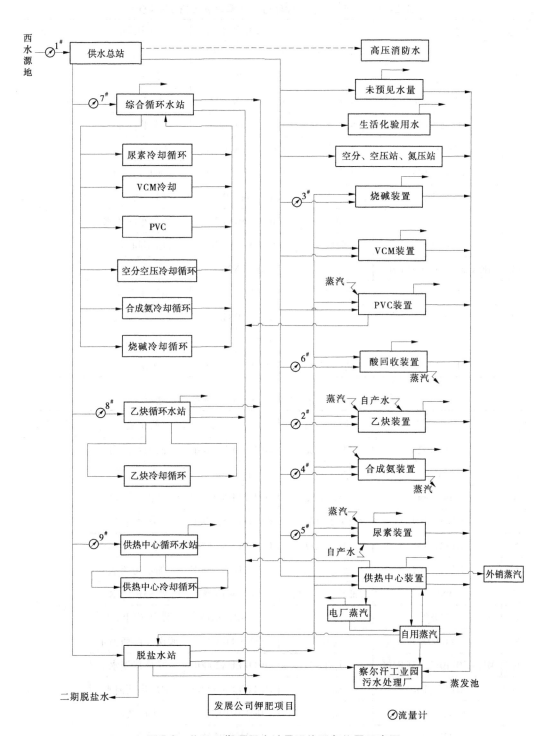

图 5-9　化工二期项目水计量设施配备位置示意图

表 5-14　40 万 t/a 氯化钾项目水计量设施配备情况统计

序号	水表编号	所在位置	水表型号	使用范围	设备名称
1	H10211514	淡水泵站	OPTIFLUX2000F	西河水总表	电磁流量计
2	B8029	淡水泵站	IFS4000	淡水总表	
3	H1421966	淡水泵站	OPTIFLUX2000F	外围西河水	
4	H14219164	淡水泵站	OPTIFLUX2000F	采收淡水	
5	H14219165	淡水泵站	OPTIFLUX2000F	三元、采矿淡水	
6	H14219163	淡水泵站	OPTIFLUX2000F	加水房淡水	
7	B8874	加工二离心机	IM4080KDN	离心机淡水	
8	G9980	脱卤	IFM4080KDN	脱卤车间淡水	
9	44080K	脱卤	IFM4080KDN	脱卤车间西河水	
10	MF/C2011033203CR108	加工二	OPTIFLUX2000F	主厂房淡水	
11	H14219166	加工二	OPTIFLUX2000F	主厂房西河水	
12	B4428 – 647	加工三	IFM4080KDN	生产淡水	
13	B4428 – 648	加工三	IFM4080KDN	生产西河水	
14	H14219162	办公楼	OPTIFLUX2000F	生活用水	

表 5-15　钾肥公司一车间水计量设施配备情况统计

序号	水表编号	所在位置	水表型号	使用范围	设备名称
1	H10211514	淡水泵站	OPTIFLUX2000F	西河水总表	电磁流量计
2	B8029	淡水泵站	IFS4000	淡水总表	
3	H1421966	淡水泵站	OPTIFLUX2000F	外围西河水	
4	H14219164	淡水泵站	OPTIFLUX2000F	采收淡水	
5	H14219165	淡水泵站	OPTIFLUX2000F	三元、采矿淡水	
6	H14219163	淡水泵站	OPTIFLUX2000F	加水房淡水	
7	B8874	加工二离心机	IM4080KDN	离心机淡水	
8	G9980	脱卤	IFM4080KDN	脱卤车间淡水	
9	44080K	脱卤	IFM4080KDN	脱卤车间西河水	
10	MF/C2011033203CR108	加工二	OPTIFLUX2000F	主厂房淡水	
11	H14219166	加工二	OPTIFLUX2000F	主厂房西河水	
12	B4428 – 647	加工三	IFM4080KDN	生产淡水	
13	B4428 – 648	加工三	IFM4080KDN	生产西河水	
14	H14219162	办公楼	OPTIFLUX2000F	生活用水	

5.2.4　硝酸盐业公司

针对硝酸盐业公司对原元通钾盐综合利用项目、原元通 19 万 t/a 硝酸铵溶液项目、原文通 20 万 t/a 硝酸钾项目配备了生产用水计量总表,未将三个项目分开计量,且未对现状生活用水和退水配备计量设施。现状硝酸盐业公司水计量设施配备情况统计见表 5-16。

表 5-16　硝酸盐业公司水计量设施配备情况统计

序号	水表编号	所在位置	水表型号	水表精度	使用范围
1	总表	大库房北面	LXLY - 100E	B 级	20 万 t/a 综合利用项目 19 万 t/a 硝酸铵项目
2	硝酸钠 车间水表	硝酸钠 车间西面	N1000AH	B 级	原文通 20 万 t/a 硝酸钾项目

5.2.5　海虹公司

针对海虹公司 10 万 t/a ADC 发泡剂一体化工程对生产用水总管、生活用水总管及各主要用水单元配备了计量设施,但未对退水配备计量设施。现状海虹公司 10 万 t/a ADC 发泡剂一体化工程水计量设施配备情况统计见表 5-17,实景图见图 5-10。

表 5-17　10 万 t/a ADC 发泡剂一体化工程水计量设施配备情况统计

序号	所在位置	水表型号	计量范围 (m³/h)	精度等级
1	有酸联二脲门口	JC - 090100SLS1.6E1I1T1BZ100PEX	0～280	±0.50%
2	有酸联二脲门口	JC - 090100SLS1.6E1I1T1BZ100PEX	0～280	±0.50%
3	次钠	JC - 090050SLS1.6E1I1T1BZ050PEX	0～70	±0.50%
4	制备 1	JC - 090050SLS1.6E1I1T1BZ050PEX	0～70	±0.50%
5	制备 2	VFCO7O	0～70	±0.50%
6	酸碱罐区	LXLY - 150E	0～250	±0.50%
7	冷冻空压	LXLY0E	0～250	±0.50%
8	氯氢处理	JC - 090100SLS1.6E1I1T1BZ100PEX	0～280	±0.50%
9	高纯水	JC - 090200SLS1.6E1I1T1BZ200PEX	0～1 000	±0.50%
10	35T 锅炉房	JC - 090150SLS1.6E1I1T1BZ150PEX	0～600	±0.50%
11	厂区门口总表	OPTIFLUX2300C	0～600	±0.30%
12	1#ADC	OPTIFLUX4100C	0～600	±0.50%
13	2#ADC	OPTIFLUX4100C	0～600	±0.50%
14	有酸 ADC	OPTIFLUX4100C	0～600	±0.50%
15	甲醛	LXS - 50E	0～25	±0.50%
16	乌洛托	LXLY - 150E	0～63	±0.50%
17	水合肼浓缩东门	JC - 090200SLS1.6E1I1T1BZ200PEX	0～1 000	±0.50%
18	水合肼浓缩西门	PROMAC 50	0～200	±0.50%
19	办公楼门口			±0.50%

图 5-10　海虹公司水计量设施实景图

5.2.6　蓝科锂业公司

针对蓝科锂业公司年产 10 000 t 高纯优质碳酸锂项目对进水总口、生活用水总管以及主要的生产用水单元配备了计量装置,但未对现状退水配备计量设施。现状蓝科锂业公司年产 10 000 t 高纯优质碳酸锂项目水计量设施配备情况统计见表 5-18,实景图见图 5-11。

表 5-18　年产 10 000 t 高纯优质碳酸锂项目水计量设施配备情况统计

序号	水表编号	所在位置	计量范围(m³/h)	水表型号
1	LK－01	淡水罐进口	0～99 999	IFM4080K
2	LK－02	锅炉房	0～9 999	法兰水表 DN80
3	LK－03	沉锂	0～9 999	法兰水表 DN80
4	LK－04	生活	0～9 999	法兰水表 DN80
5	LK－05	反渗透回水	0～99 999	IFM4080K

（a）淡水罐总口　　　　　　　　　（b）反渗透回水

图 5-11　蓝科锂业公司年产 10 000 t 高纯优质碳酸锂项目水计量设施实景图

5.2.7　盐云公司

针对盐云公司 5.5 万 t/a 氯化钾技改扩能项目,对现状西河水生产用水总管和淡水生产用水总管配备了计量设施,但未对生活用水和退水配备计量设施。现状盐云公司5.5 万 t/a 氯化钾技改扩能项目水计量设施配备情况统计见表 5-19,实景图见图 5-12。

表 5-19　盐云公司 5.5 万 t/a 氯化钾技改扩能项目水计量设施配备情况统计

序号	水表编号	所在位置	计量范围(m³/h)	水表型号	水表精度	说明
1	淡水管用	厂房东侧	0~60	N100E	—	优质氯化钾项目用
2	西河水管用	厂房北侧	0~60	LXLGR-100E	B 级	农用氯化钾项目用
3	淡水管用	厂房西侧	0~60	LXLGR-100E	B 级	

(a)一车间进水总管　　　　　　(b)二车间淡水水表

图 5-12　盐云公司取用水实景图

5.2.8　元通公司

针对元通公司 20 万 t/a 氯化钾项目,对现状生活用水总管和主要生产装置配备了计量装置,但未对退水配备计量设施。现状元通公司 20 万 t/a 氯化钾项目水计量设施配备情况统计见表 5-20。

表 5-20　元通公司 20 万 t/a 氯化钾项目水计量设施配备情况统计

序号	水表编号	所在位置	计量范围(m³/h)	水表型号	水表精度	设备名称
1	10-01	加工车间北侧	0~500	IFM4080K	±0.5%	电磁流量计
2	10-02	结晶器	0~400	OPTIFLUX4100C	±0.5%	
3	10-03	洗涤	0~300	IFM4080K	±0.5%	
4	10-04	离心机	0~400	OPTIFLUX4100C	±0.5%	
5	10-05	过滤洗涤	0~500	IFM4080K	±0.5%	
6	20-02	生活用水	0~500	IFM4080K	±0.5%	

5.2.9　科技公司

针对科技公司 4 万 t/a 兑卤氯化钾项目,对现状生产用水总管配备了计量水表,但未对生活用水和退水配备计量设施。现状 4 万 t/a 氯化钾项目水计量设施配备情况统计见表 5-21。

表5-21 4万t/a氯化钾项目水计量设施配备情况统计

序号	水表编号	所在位置	水表型号	水表精度
1	000000666	东方路4万t/a车间办公室南侧	LXS – 200E	B级
2	—	东方路4万t/a车间办公室南侧	LXS – 150E	B级

5.2.10 三元公司

5.2.10.1 10万t/a氯化钾项目

针对三元公司10万t/a氯化钾项目,对现状西河水生产用水总管、淡水生产用水总管以及各主要用水单元配备了计量水表,但未对生活用水和退水配备计量设施。现状10万t/a氯化钾项目水计量设施配备情况统计见表5-22。

表5-22 10万t/a氯化钾项目水计量设施配备情况统计

序号	类型	型号	精度	所在位置	说明
1	电磁流量计	53W1F – UCOB1AAOAGAN	±0.2%	分解水	一号溶矿
2	电磁流量计	MF/C2011621200CR102	±0.2%	分解水上	二号溶矿
3	电磁流量计	MF/C2011621200CR102	±0.2%	分解水下	二号溶矿
4	电磁流量计	53W2H – UCOB1AAOAGAN	±0.2%	分解西河水	热溶车间
5	电磁流量计	8705TT100C1WO	±0.3%	去车间淡水	热溶车间
6	电磁流量计	ZDR – 36121381RSA	—	一级结晶器清洗水	热溶车间
7	电磁流量计	ZDR – 36121381RSA	—	二级结晶器清洗水	热溶车间
8	电磁流量计	ZDR – 36121381RSA	—	三级结晶器清洗水	热溶车间
9	压力表	—		水房	热溶车间
10	压力表	—		水房	热溶车间
11	液位计	DLM551 – 1AGAANA	±0.25%	污水池	热溶车间
12	热电阻	WZPK – 44SBT		循环热水泵出水	热溶车间

5.2.10.2 7万t/a氯化钾项目

针对三元公司7万t/a氯化钾项目,对现状西河水生产用水总管、淡水生产用水总管以及生活用水总管配备了计量水表,但未对退水配备计量设施。现状7万t/a氯化钾项目水计量设施配备情况统计见表5-23。

表5-23 7万t/a氯化钾项目水计量设施配备情况统计

序号	类型	型号	所在位置	说明
1	电磁流量计	IFM4080KDN200	淡水管	
2	电磁流量计	DE41F/E3DN90	洗涤西河水	浮选车间
3	电磁流量计	015 + 70962	办公楼用水	

5.2.11　采矿公司

现状采矿公司用水主要为生活用水,对生活用水总管配备了计量水表,但未对退水配备计量设施。

5.2.12　园区其他项目

察尔汗重大产业基地企业项目包括青海盐湖新域资产管理有限公司年产100万t水泥粉磨生产线项目、格尔木市察尔汗行政委员会察尔汗工业园社会功能服务区项目、青海省运输集团有限公司察尔汗城镇物流园区项目、青海盐湖机电装备制造有限公司金属镁一体化装备制造园非标设备制造项目、青海盐湖工业股份有限公司物资供应分公司仓储物流中心一期工程等5个项目。其中,察尔汗工业园社会功能服务区项目、察尔汗城镇物流园区项目尚未建成;年产100万t水泥粉磨生产线项目、金属镁一体化装备制造园非标设备制造项目、仓储物流中心一期工程用水主要为生活用水,均配备了生活用水计量总表,但未配备退水计量设施。

5.3　水计量器具配备符合性分析

根据《取水许可管理办法》(水利部令第34号)、《取水许可和水资源费征收管理条例》(国务院令第460号)、《取水许可技术考核与管理通则》(GB/T 17367—1998)相关规定,针对察尔汗重大产业基地项目,应对生产用水和生活用水配备计量设施,并对退水配备计量设施,对现状园区各项目均未配备退水计量设施,且部分项目未配备生产、生活用水的一级计量设施,不符合水资源管理的要求。

现状察尔汗重大产业基地项目水计量设施配备符合性分析见表5-24。

表5-24　现状察尔汗重大产业基地项目水计量设施配备符合性分析

序号	公司名称	项目名称	水计量器具配备符合性	存在的问题
1	青海盐湖镁业有限公司	金属镁一体化项目10万t/a金属镁装置	不符合	未配备退水计量设施
2		金属镁一体化项目配套100 t/a甲醇装置	不符合	(1)生产、生活用水未分开计量; (2)未配备退水计量设施
3		金属镁一体化项目配套100万t/a甲醇制烯烃装置	不符合	(1)未配备生活用水计量设施; (2)未配备退水计量设施
4		金属镁一体化项目50 t/a聚氯乙烯装置	不符合	(1)脱盐水未计量; (2)未配备退水计量设施
5		金属镁一体化项目配套30万t/a乙烯法PVC装置	不符合	未配备退水计量设施

续表 5-24

序号	公司名称	项目名称	水计量器具配备符合性	存在的问题
6	青海盐湖镁业有限公司	金属镁一体化项目配套16万 t/a 聚丙烯装置	不符合	(1)未配备生活用水计量设施; (2)未配备退水计量设施
7		金属镁一体化项目配套80万 t/a 电石装置	不符合	未配备退水计量设施
8		金属镁一体化项目配套240万 t/a 焦化装置	不符合	(1)脱盐水未计量; (2)未配备退水计量设施
9		金属镁一体化项目新增30万 t/a 钾碱装置	不符合	未配备退水计量设施
10		金属镁一体化项目100万 t/a 纯碱装置	不符合	未配备退水计量设施
11		金属镁一体化项目配套400万 t/a 选煤装置	不符合	未配备退水计量设施
12		青海海镁特镁业有限公司年产5.6万 t 镁合金项目	不符合	未统计到
13	青海盐湖工业股份有限公司化工分公司	青海盐湖工业股份有限公司100万 t/a 钾肥综合利用工程	不符合	(1)未配备生活用水计量设施; (2)未配备退水计量设施
14		青海盐湖工业股份有限公司综合利用项目二期工程	不符合	(1)未配备生活用水计量设施; (2)未配备退水计量设施
15	青海盐湖工业股份有限公司钾肥分公司	40万 t/a 氯化钾项目	不符合	(1)复用水与西河水未分开计量; (2)未配备退水计量设施
16		100万 t/a 氯化钾项目	不符合	(1)复用水与西河水未分开计量; (2)未配备退水计量设施
17		新增100万 t/a 氯化钾项目	不符合	(1)复用水与西河水未分开计量; (2)未配备退水计量设施
18		钾肥装置挖潜扩能改造工程	—	—
19	青海盐湖硝酸盐业股份有限公司	原青海盐湖元通钾盐综合利用项目	不符合	(1)未配备生产用水和生活用水总计量设施; (2)未配备退水计量设施
20		原青海盐湖元通19万 t/a 硝酸铵溶液项目	不符合	(1)未配备生产用水和生活用水总计量设施; (2)未配备退水计量设施
21		原文通20万 t/a 硝酸钾项目	不符合	(1)未配备生产用水和生活用水总计量设施; (2)未配备退水计量设施

续表 5-24

序号	公司名称	项目名称	水计量器具配备符合性	存在的问题
22	青海盐湖海虹化工有限公司	10 万 t/a ADC 发泡剂一体化工程	不符合	未配备退水计量设施
23	青海盐湖蓝科锂业股份有限公司	年产 10 000 t 高纯优质碳酸锂项目	不符合	未配备退水计量设施
24	青海盐云钾盐有限公司	5.5 万 t/a 氯化钾技改扩能项目	不符合	(1)未配备生活用水计量设施; (2)未配备退水计量设施
25	青海盐湖元通钾肥有限公司	原青海盐湖三元 20 万 t/a 氯化钾项目	不符合	未配备退水计量设施
26		40 万 t/a 氯化钾扩能改造项目	—	—
27	青海盐湖晶达科技股份公司	4 万 t/a 兑卤氯化钾项目	不符合	(1)未配备生活用水计量设施; (2)未配备退水计量设施
28		3 000 t/a 纳浮选剂项目	—	未建成
29		2 000 t/a 防结块剂项目	—	未建成
30	青海盐湖三元钾肥股份有限公司	10 万 t/a 精制氯化钾项目	不符合	(1)未配备生活用水计量设施; (2)未配备退水计量设施
31		7 万 t/a 氯化钾项目	不符合	未配备退水计量设施
32	青海盐湖工业股份有限公司采矿服务分公司	采矿服务分公司	不符合	未配备退水计量设施
		青海省察尔汗盐田采补平衡引水枢纽工程	—	—
33	青海盐湖新域资产管理有限公司	年产 100 万 t 水泥粉磨生产线项目	不符合	未配备退水计量设施
34	格尔木市察尔汗行政委员会	格尔木市察尔汗工业园社会功能服务区项目	未建成	未建成
35	青海省运输集团有限公司	察尔汗城镇物流园区项目	未建成	未建成
36	青海盐湖机电装备制造有限公司	金属镁一体化装备制造园非标设备制造项目	不符合	未配备退水计量设施
37	青海盐湖工业股份有限公司物资供应分公司	仓储物流中心一期工程项目	不符合	未配备退水计量设施

5.4 存在问题及建议

5.4.1 存在问题

察尔汗重大产业基地现状项目水计量设施配备存在的问题见表 5-24,应针对各项目存在的问题,按照《取水许可管理办法》(水利部令第 34 号)、《取水许可和水资源费征收管理条例》(国务院令第 460 号)、《取水许可技术考核与管理通则》(GB/T 17367—1998)等相关规定,完善水计量设施,建立水计量管理制度,保证计量设施正常运行,并按照规定填报取水统计报表。

5.4.2 建议

建议察尔汗重大产业基地各项目按照《用水单位水计量器具配备和管理通则》(GB 24789—2009)要求,配备水计量器具计量各用水系统水量,建立水计量管理体系,并严格实施。

5.4.2.1 水计量器具的配备原则

(1)应对各类供水进行分质计量,满足对取水量、用水量、重复利用水量、回用水量和排水量等进行分项统计的需要。

(2)生活用水与生产用水应分别计量。

(3)能够满足工业用水分类计量的要求。

5.4.2.2 水计量器具的计量范围

(1)全装置的输入水量和输出水量。

(2)次级用水单位的输入水量和输出水量。

5.4.2.3 水计量器具的配备要求和精度要求

1. 配备要求

按照《用水单位水计量器具配备和管理通则》(GB 24789—2009)要求,水计量器具配备率和水表计量率应均达到 100%;次级用水单位水计量器具配备率和水表计量率均达到 95%;主要用水(设备)系统水计量器具配备率达到 80%,水表计量率达到 85%,详见表 5-25。

表 5-25 水计量器具配备要求

考核项目	用水单位	次级用水单位	主要用水(设备)系统(水量≥1 m³/h)
水计量器具配备率(%)	100	≥95	≥80
水表计量率(%)	100	≥95	≥85

2. 精度要求

按照《用水单位水计量器具配备和管理通则》(GB 24789—2009)及《用能单位能源计量器具配备和管理通则》(GB 17167—2006)要求,水计量器具准确度应满足表 5-26 的要求。

表 5-26　水计量器具准确度等级要求

计量项目	准确度等级要求
取水、用水的水量	优于或等于 2 级水表
废水排放	不确定度优于或等于 5%

冷水水表的准确度等级应符合《冷水水表检定规程》(JJG 162—2009)要求。

5.4.2.4　水计量管理要求

1.水计量制度

(1)各项目应建立水计量管理体系及管理制度,形成文件,并保持和持续改进其有效性。

(2)各项目应建立、保持和使用文件化的程序来规范水计量人员行为、水计量器具管理和水计量数据的采集和处理。

2.水计量人员

(1)各项目应设专人负责水计量器具的管理,负责水计量器具的配备、使用、检定(校准)、维修、报废等管理工作。

(2)各项目应设专人负责主要次级用水单位和主要用水设备水计量器具的管理。

(3)水计量管理人员应通过相关部门的培训考核,持证上岗;用水单位应建立和保存水计量管理人员的技术档案。

(4)水计量器具检定、校准和维修人员应具有相应的资质。

3.水计量器具

(1)各项目应备有完整的水计量器具一览表。表中应列出计量器具的名称、型号规格、准确度等级、测量范围、生产厂家、出厂编号、用水单位管理编号、安装使用地点、状态(指合格、准用、停用等)。主要次级用水单位和主要用水设备应备有独立的水计量器具一览表分表。

(2)项目应建立水计量器具档案,内容包括:①水计量器具使用说明书;②水计量器具出厂合格证;③水计量器具最近连续两个周期的检定(测试、校准)证书;④水计量器具维修或更换记录;⑤水计量器具其他相关信息。

(3)项目应备有水计量器具量值传递或溯源图,其中作为用水单位内部标准计量器具使用的,要明确规定其准确度等级、测量范围、可溯源的上级传递标准。

(4)项目的水计量器具,凡属自行校准且自行确定校准间隔的,应有现行有效的受控文件(自校水计量器具的管理程序和自校规范)作为依据。

(5)水计量器具应由专业人员实行定期检定(校准)。凡经检定(校准)不符合要求的或超过检定周期的水计量器具一律不准使用。属强制检定的水计量器具,其检定周期、检定方式应遵守有关计量技术法规的规定。

(6)在用的水计量器具应在明显位置粘贴与水计量器具一览表编号对应的标签,以备查验和管理。

4.水计量数据

(1)应建立水统计报表制度,水统计报表数据应能追溯至计量测试记录。

（2）水计量数据记录应采用规范的表格式样，计量测试记录表格应便于数据的汇总与分析，应说明被测量与记录数据之间的转换方法或关系。

（3）可根据需要建立水计量数据中心，利用计算机技术实现水计量数据的网络化管理。

5. 水计量网络图

（1）项目应有详细的全厂供水、排水管网网络图。

（2）项目应有详细的全厂水表配备系统图。

（3）根据项目的用水、排水管网图和用水工艺，绘制出企业内部用水流程详图，包括车间或用水系统层次、重要装置或设备（用水量大或取新水量大）层次的用水流程图。

第6章 水资源保护措施

察尔汗重大产业基地的水资源保护措施主要涉及非工程措施和工程措施。

6.1 非工程措施

为了水资源的高效利用和科学保护,应对水资源供给、使用、排放的全过程进行管理,察尔汗重大产业基地管理机构以及各企业内部均需要建立一套有效的水务管理制度,实行一把手负责制,培养一批精干的水务管理队伍,把水务管理纳入施工、调试、生产运行管理之中,将清洁生产贯穿于整个生产全过程,既要做到节水减污从源头抓起,又要做好末端治理工作,确保水资源的高效利用。

6.1.1 水务管理部门及水务管理制度

察尔汗重大产业基地以盐湖集团为主导进行规划和建设,现状盐湖集团综合开发分公司是盐湖集团的水务管理部门,负责整个湖区集团所有参股公司、控股公司、分公司、全资子公司生产生活的供水工作。根据现场调研,目前察尔汗基地内大部分项目尚未建立有效的水资源管理制度,未设置专门的水务管理部门或者管理人员。各项目应积极设置水务管理部门,建立有效的水资源管理制度,科学合理地对水资源进行开发和保护。

6.1.1.1 施工、调试过程水务管理

对于尚未正式投产的项目,应建立以下水务管理制度:

(1)节水设施以及污水处理设施应做到"三同时",即与主体工程同时设计、同时施工、同时投产,并接受水行政主管部门的设计评审和竣工验收。

(2)加强施工、调试及使用安装过程中的用水管理,确保工程合格率,提高水资源利用效率。

(3)调试阶段应对水处理等水系统一并进行调试,使有关指标达到相应设计要求。

(4)在投入生产后1年内,应开展专门的水平衡测试,将耗水指标达到设计要求列为项目达标投产的一个重要考核条件。

(5)工程主要用水、排水工艺环节应当安装用水计量、在线监测装置,严格按照批复要求计划用水、排水,并建立相应的资料档案以备审查。

6.1.1.2 生产过程水务管理

对于已经投产的项目,应当建立以下水务管理制度:

(1)制定行之有效的管理办法和标准,严格按设计要求的用水量进行控制,达到设计耗水指标,提高工程运行水平。

(2)每隔3年进行一次全厂水平衡测试及各水系统水质分析测试,找出薄弱环节和节水潜力,及时调整和改进节水方案,并建立测试档案以备审查。

（3）积极开展清洁生产审核工作，加强生产用水和非生产用水的计量与管理，不断研究开发新的节水减污清洁生产技术，提高水的重复利用率。

（4）根据季节变化和设备启停与工况的变化情况，及时调整用水量，使工程能够安全、经济运行。

（5）生产运行中及时掌握取水水源的可供水量和水质，以判定所取用的水量和水质能否达到设计标准和有关文件要求。

（6）加强生产废水、生活污水等的管理，确保设施正常运行，实现废污水最大化利用；建立排污资料档案，定期、不定期接受水行政主管部门的监督检查。按照规定报送上年度入河排污口有关资料和报表。

（7）加大对职工的宣传教育力度，强化对水污染事件的防范意识和责任意识。严格值班制度和信息报送制度，遇到紧急情况时，保证政令畅通。

（8）各项目应制订出详细的污染事故应急预案。在污水处理系统出现问题或排水水质异常时，将不达标的污水妥善处置，严禁外排。在整个过程中应做好记录，并及时向当地水行政主管部门和环保部门报告。

6.1.2 水资源监测方案

经现场调查，目前察尔汗重大产业基地没有制订完整的水资源监测方案。因此，建议根据基地的实际情况制订相应的水资源监测方案。

6.1.2.1 用退水计量

在主要用水系统及退水系统安装计量装置，监测各项目的取用水量，掌握用水量及退水量，水计量装置配备要求参照本书 5.4.2 节具体要求。

6.1.2.2 水质监测

1. 供水水质监测

（1）在格尔木西水源地设置水质采样点监测水质情况，监测频次为 1 次/月。

（2）在钾肥公司、元通公司、三元公司或采矿公司西河水泵站设置水质采样点监测水质情况，监测频次为 1 次/月。

2. 退水水质监测

（1）在各项目退水总口设置水质监测采样点监测水质情况，监测频次为 1 次/月。

（2）在基地综合废水处理站进口和出口设置采样点，监测水量水质情况，监测频次为 1 次/月。

3. 地下水水质及水位监测

（1）对西水源（青钾水源地、化工水源地、镁业水源地）、东水源开展长期地下水位动态监测。

（2）对西水源（青钾水源地、化工水源地、镁业水源地）、东水源开展长期地下水水质监测。

察尔汗重大产业基地的水资源监测内容见表 6-1。

表 6-1　察尔汗重大产业基地水资源监测内容一览表

序号	采样点位置	监测性质	监测标准及项目	监测频次
1	西水源地	水量、水质	1. 水量监测加装水表进行监测； 2. 水质按照《生活饮用水卫生标准》(GB 5749—2006)微生物指标、毒理指标和感官性状及一般化学指标开展监测	1 次/月
2	综合废水处理站进、出口	水量、水质	悬浮物、pH 值、甲基橙碱度、钙离子、亚铁离子、氯离子、硫酸根离子、硅酸、游离氯、总硬度、COD_{Cr}、石油类	1 次/月
3	西河水泵站	水量、水质	《地表水环境质量标准》(GB 3838—2002)表 1 + 表 2 所有项目，共 29 项因子	1 次/月
4	西水源地、东水源地	水位、水质	1. 水位采用水位仪监测； 2. 水质按照《地下水质量标准》(GB/T 14848—2017)39 项中，前 37 项因子	丰水期、平水期、枯水期各 1 次

6.1.3　突发水污染事件应急处理和控制预案

项目的建设和运行必然伴随潜在的事故风险，一旦发生事故，需要采取工程应急措施，控制和减小事故危害。各项目应在自身应急救援的基础上，积极报告有关主管部门，寻求社会救援。事故应急必须服从统一指挥、分级负责，条块结合、区域为主，点面结合、确保重点等原则，积极采取污染控制措施，减轻危害，指导居民防护，救治受害人员。

各项目的设计、运行、管理要科学规划、合理布置，保证工程建设质量，严格生产安全制度、严格管理、提高操作人员素质和水平，制订科学合理的工程项目应急预案。其内容主要包括：

（1）建立事故应急指挥部，由单位一把手或指定责任人负责现场的全面指挥。成立专门的救援队伍，负责事故控制、救援、善后处理等工作。

（2）配备事故应急措施所需的设备与材料，如防火灾、防爆炸事故等所需的消防器材或防有毒、有害物质外溢扩散的设备材料等。

（3）涉及的各职能部门要积极配合、认真组织，把事态发展变化情况准确、及时地向上级汇报。规定应急状态下的通信方式、通知方式和交通保障、管制等措施。

（4）建立由专业队伍组成的应急监测和事故评估机构，负责对事故现场进行侦察监测，对事故性质、参数进行评估，为指挥部门提供决策依据。

（5）加强事故应对工程措施体系建设，落实事故应对措施，特别是防控体系建设等内容，确保将事故风险发生的可能性和危害性降到最低。

6.2 工程措施

6.2.1 水源地保护措施

察尔汗重大产业基地现状地下水水源取自格尔木河冲洪积扇水源地,根据《水利部关于印发全国重要饮用水水源地名录(2016 年)的通知》(水资源函〔2016〕383 号),格尔木市格尔木河冲洪积扇水源地是水利部核准的全国重要饮用水水源地。

根据现场调研,东水源地、化工水源地、青钾水源地根据相关要求,对水源地配备了围栏保护,镁业水源地暂无保护措施,不符合水源地保护要求。镁业水源地应尽快设立生物隔离设施,防止人类活动等对水源地保护和管理的干扰,拦截污染物直接进入水源保护地。盐湖集团应尽快在水源保护区的边界设立明确的地理界标和明显的警示牌。

6.2.1.1 东水源地保护措施

东水源地位于格尔木市南海西路以南,占地面积 44 万 m^2,分别建有 8 个取水泵房,在南海路处建有保护围栏,保护面积约 25 万 m^2。2017 年 3 月重新加固护栏 120 m,杜绝外来车架进入保护区。

东水源共配备 7 个高速红外球机,32 个红外枪式摄像机,对水源地保护区进行 24 h 监控,同时配有专职人员对水源保护区进行日常巡查。

6.2.1.2 西水源地保护措施

青钾水源地和化工水源地位于格尔木市机场路白云桥以南约 3 km,占地面积约 24.5 万 m^2,于 2012 年投资近 200 万元建设了一个长约 350 m 的防洪墙,以及水源地保护堤和保护围栏,2017 年对西水源地门口南侧地貌凹凸地段进行平整,面积约为 2 400 m^2。根据调研,镁业水源地 19.5 万 m^2 暂无保护措施,水源地周围均为戈壁滩,闲散人员可随意进出水源地。由于含水层为大颗粒、松散、渗透性强的砂砾卵石层,水质极易受到污染。

西水源配备 2 个高速红外球机,33 个红外枪式摄像机,对水源地保护区进行 24 h 全程监控,同时配有专职人员对水源保护区进行日常巡查。

察尔汗重大产业基地供水水源地监控设备配备情况见表 6-2,水源地保护措施实景图见图 6-1。

表 6-2 察尔汗重大产业基地供水水源地监控设备配备情况

设备名称	品牌	型号	单位	数量
红外枪式摄像机	海康威视	DS – 2CD2T25XYZUV – ABVDEF	台	33
枪式摄像机	海康威视	DS – 1292ZJ	个	33
高速红外球机	海康威视	DS – 2DE72XYZIW – ABC/VWS	台	2
球子支架	海康威视	DS – 1602ZJ	台	2
32 路硬盘录像机	海康威视	YT – H32SN	台	2
47 英寸监视器	蓝盾	LD – M490	台	2

续表 6-2

设备名称	品牌	型号	单位	数量
3T 监控专用硬盘	希捷	ST3000VX006	台	8
5 口 POE 交换机	振兴伟业	ZXT – POE31004P	台	18
光纤收发器	振兴伟业	ZXT101	台	34
24 口千兆核心交换机	H3C	S1124	台	1

（a）西水源地保护围栏　　　　　　（b）西水源地环保告知牌

图 6-1　水源地保护措施实景图

6.2.2　供退水工程水资源保护措施

为维持供水、排水管网的正常运行,保证安全供水、排水,防止管网渗漏,必须做好以下日常的管网养护管理工作:

（1）严格控制跑、冒、滴、漏损失,建立技术档案,做好检漏和修漏、水管清垢和腐蚀预防、管网事故抢修。

（2）防止外环境对供水、排水管道的破坏和供水水质的影响,必须熟悉管线情况、各项设备的安装部位和性能、接管的具体位置。

（3）加强供水、排水管网检修工作,一般每月对管网全面检查一次。

6.2.3　渣场及蒸发塘防渗措施

渣场(蒸发塘)应严格按照《一般工业固体废物贮存、处置场污染控制标准》(GB 18599—2001)Ⅱ类场的要求进行防渗处理,其综合防渗系数应小于或等于 1.0×10^{-7} cm/s,应采取高聚物改性沥青卷材防水层、白灰砂浆隔离层、钢筋混凝土防水层、土工布过滤层和黏土层等多层综合防渗措施。应定期进行渣场内及附近地下水质监测,建立预警应急机制,若发现有害物质超标,应及时处理。

6.3　事故状况下的水资源保护措施

化工和金属镁生产中的主要水污染事故风险为甲醇蒸汽、粗酚遇明火、高热引起燃烧爆炸、与氧化剂接触发生反应或引起燃烧,发生火灾/爆炸等事故后排出泄漏物,根据不同事故状况排水的影响分析,须设立三级应急防控体系,确保事故状态下废污水不出厂区,不对周围水环境造成损害。对于事故状况应立足于预防,尽量避免其发生。

(1)加强管理、精心操作、严格按生产操作规程进行作业,维护保养好设备与管道,减少设备事故与操作事故,减少污染事故发生的概率。

(2)加强各种生产设备与水处理装置的操作和修护,对易损部位配有足够的备品,以保证水处理设施的运行率。

(3)作为一级防控措施,各生产装置界区设不低于 150 mm 的围堰,并设置污水收集池和清污切换系统;罐区界区设置 150 mm 的围堰,围堰内的有效容积应大于最大贮罐的容量,并设置污水收集池,做好罐区地面防渗工作,并将罐区地面改造为铺设不发火型地坪。

(4)作为二级防控措施,在厂内污水处理站附近设置工艺污水事故缓冲池,各储池需做好防渗、防溢工作,用于收集非正常工况下的排污,防控较大生产事故下受污染的消防水或溢出物料可能对环境造成的污染,其事故废水根据水质情况处理回用,不能外排。

(5)作为终端防控措施,为防止突发环境事件对环境水体造成重大污染,在厂界内建应急事故储池,并做好防渗、防溢工作。在风险事故情况下,二级防控措施不能满足使用要求时,将物料及消防水等引入事故储池,防控重大事故情况下大量受污染的消防水或溢出物料可能对环境造成的污染。

(6)可参考《水体污染防控紧急措施设计导则》(中石化建标〔2006〕43 号),制订针对性的水体污染风险预防措施和应急预案,一旦发生水污染事故,立即启动事故应急预案,将事故损失降到最低程度。

6.4　危险物品管理与固废处置

察尔汗重大产业基地化工和金属镁项目在生产过程中,有危险物产生,废催化剂也会作为废物排出,因此应严格遵守国家有关法律法规,建立相应的危险品管理制度,实行一把手领导下的专人负责制。

(1)应按照《常用化学危险品贮存通则》(GB 15603—1995)、《化工企业安全卫生设计规范》(HG 20571—2014)的规定设计设置相关危险物的贮存罐区,加强储用管理,防止其泄漏对周围环境及地下水造成影响。

(2)厂区内要按《危险废物贮存污染控制标准》(GB 18597—2001)的要求做好废液、废渣的收集和贮存,防止发生渗漏污染。

(3)在危险品收集、处置、运输、转移过程中严格执行国家有关规定,执行危险废物转移联单制度,防止二次污染。

(4)强化职工的水资源保护意识教育,严防非工况下产生的含重金属和危险有机物的废水进入地表、地下水体。在工作中要随机检查执行危险废物处置安全情况,防止有毒废物污染外环境。

第 7 章 结论与建议

7.1 现状用水状况评估

（1）察尔汗重大产业基地现状共持有的取水许可和水资源论证批复水量为：地下水 7 231.02 万 m^3/a，格尔木河咸水 990 万 m^3/a，除盐水 260.6 万 m^3/a，中水 463.92 万 m^3/a，那棱格勒河地表水 17 700 万 m^3/a，均为盐湖集团持有。

（2）察尔汗重大产业基地现有企业中，共有金属镁一体化项目配套 30 万 t/a 乙烯法 PVC 装置等 17 个项目未办理取水许可和水资源论证手续。

（3）察尔汗重大产业基地现有企业中，共有金属镁一体化项目 10 万 t/a 金属镁装置等 14 个项目取水水源或取水量与取水许可、水资源论证批复手续不符。

（4）察尔汗重大产业基地现有企业达产条件下需取西水源地下水 9 639.3 万 m^3/a，格尔木河咸水 2 390.4 万 m^3/a，那棱格勒河地表水 17 700 万亿 m^3/a。

那棱格勒河地表水许可水量可满足基地内企业取水需求；将察尔汗重大产业基地所持有的地下水、除盐水、中水许可水量统一换算为地下水水量，经分析，地下水和格尔木河咸水许可水量无法满足现状取水需求，缺口为地下水 1 626.56 万 m^3/a，格尔木河咸水 1 400.4 万 m^3/a。

（5）察尔汗重大产业基地现有企业现状达产条件下外排水量为 7 451.1 万 m^3/a，其中 1 090.6 万 m^3/a 生产废水和生活污水处理后排入镁业公司蒸发塘，690.9 万 m^3/a 生产废水排入镁业公司渣场，120 万 m^3/a 生产废水排入硝酸盐业公司蒸发池，208.8 万 m^3/a 生产废水排入海虹公司晒盐池，181.2 万 m^3/a 生活污水和生产废水排入老卤渠，123.1 万 m^3/a 结晶器冷却水排入西河，其余 5 036.5 万 m^3/a 生产废水和生活污水排入各项目尾盐池、盐田或原卤渠重复利用。

（6）现状察尔汗重大产业基地内金属镁一体化项目 10 万 t/a 金属镁装置、金属镁一体化项目 100 t/a 甲醇装置、化工公司 100 万 t/a 钾肥综合利用工程、化工公司综合利用项目二期工程、硝酸盐业公司原元通钾盐综合利用项目、科技公司 3 000 t/a 纳浮选剂项目等 6 个项目循环水浓缩倍率不符合《工业循环冷却水处理设计规范》（GB/T 50050—2017）的要求。

（7）现状察尔汗重大产业基地金属镁一体化项目 10 万 t/a 金属镁装置、金属镁一体化项目配套 80 万 t/a 电石装置、金属镁一体化项目新增 30 万 t/a 钾碱装置、化工公司 100 万 t/a 钾肥综合利用工程、化工公司综合利用项目二期工程、科技公司 4 万 t/a 兑卤氯化钾项目、三元公司 7 万 t/a 氯化钾项目、三元公司 10 万 t/a 精制氯化钾项目、盐云公司 5.5 万 t/a 氯化钾技改扩能项目等 9 个项目的单位产品水耗不满足《青海省行业用水定额》（DB63/T 1429—2015）、《清洁生产标准》或水资源论证批复的定额要求。

(8)现状察尔汗重大产业基地各项目均未配备退水计量设施,且部分项目未配备生产用水、生活用水的一级计量设施,不符合水资源管理的要求。

7.2　节水后供水、需水状况评估

(1)察尔汗重大产业基地现有企业在采取节水措施后,达产条件下需取地下水8 196.3万 m^3/a ,格尔木河咸水2 880万 m^3/a ,那棱格勒河地表水17 700万 m^3/a 。将察尔汗重大产业基地现有企业所持有的地下水、除盐水、中水取水许可指标统一换算为地下水取水量后,那棱格勒河许可水量可满足取水需求,地下水许可水量和格尔木河咸水许可水量无法满足取水需求,缺口为地下水183.56万 m^3/a ,格尔木河咸水1 890万 m^3/a 。

盐湖集团现持有的地下水取水许可水量以及水资源论证批复的地下水取水量合计为8 012.74万 m^3/a ,无法满足盐湖集团现有企业在采取节水措施后的地下水需水水量8 196.3万 m^3/a ;格尔木西河水尾间的水量至少在8 000万 m^3 以上,能够满足察尔汗重大产业基地现状企业2 880万 m^3/a 的取水需求;丰水年、平水年、枯水年那棱格勒河可引水量1.01亿~2.55亿 m^3 ,通过合理利用、以丰补歉,可满足察尔汗盐湖采补平衡引水工程多年平均引水量17 700万 m^3 的需求。

(2)察尔汗重大产业基地现有企业现状达产条件下外排水量为6 925.6万 m^3/a ,其中714.1万 m^3/a 生产废水和生活污水处理后排入镁业公司蒸发塘,690.9万 m^3/a 生产废水排入镁业公司渣场,120万 m^3/a 生产废水排入硝酸盐业公司蒸发池,59.8万 m^3/a 生产废水排入海虹公司晒盐池,181.2万 m^3/a 生活污水和生产废水排入老卤渠,123.1万 m^3/a 结晶器冷却水排入西河,其余5 036.5万 m^3/a 生产废水和生活污水排入各项目尾盐池、盐田或原卤渠重复利用。

(3)察尔汗重大产业基地内项目在采取节水措施后,循环冷却水浓缩倍率均符合《工业循环水冷却设计规范》(GB/T 50102—2014)的要求。

(4)察尔汗重大产业基地内现有企业在采取一定节水措施后,单位产品水耗不同程度降低,绝大部分项目符合《青海省行业用水定额》(DB63/T 1429—2015)或《清洁生产标准》要求,达到国内先进水平。但化工公司100万 t/a钾肥综合利用工程、化工公司综合利用项目二期工程、科技公司4万 t/a兑卤氯化钾项目、三元公司7万 t/a氯化钾项目、三元公司10万 t/a精制氯化钾项目、盐云公司5.5万 t/a氯化钾技改扩能项目等6个项目单位产品用水量在节水分析后仍无法满足《青海省行业用水定额》(DB63/T 1429—2015)和《清洁生产标准》对应的定额要求。但考虑后期对镁业板块、化工板块的工艺废水进行深度处理回用后,现有企业的用水水平均可以满足国内先进水平指标要求。

7.3　进一步节水潜力

(1)建设中水处理回用装置,处理回用化工和镁业板块的工艺废水,年至少可节水量1 155.66万 m^3 ,但需要建设2 500 m^3/h 的处理装置,节水效果明显,但一次性投入较大。

(2)生活污水单独收集处理后与新鲜水掺混作为循环冷却水系统补水,年可节水量

82.9 万 m³,投资较少,节水效果显著。

(3)察尔汗重大产业基地建设时间较早的项目应开展用水管网维护与更新工作,尤其是钾肥板块项目,跑、冒、滴、漏现象比较严重,造成了水资源的极大浪费。

7.4　取水许可存在的问题及建议

(1)察尔汗重大产业基地内现有企业共有金属镁一体化项目配套 30 万 t/a 乙烯法 PVC 装置等 17 个项目未办理取水许可和水资源论证手续,建议尽快向水行政主管部门专题汇报,尽快补办手续。

(2)察尔汗重大产业基地内现有企业共有金属镁一体化项目 10 万 t/a 金属镁装置等 14 个项目取水水源或取水量与取水许可、水资源论证批复手续不符,建议尽快向水行政主管部门专题汇报,完善手续。

(3)在将察尔汗重大产业基地整体考虑的情况下,察尔汗重大产业基地内现有企业现状达产条件下总体持有的取水许可和水资源论证批复水量尚无法满足现有企业用水需求,缺口为地下水 1 626.56 万 m³/a,格尔木河咸水 1 400.4 万 m³/a。在采取节水措施后,地下水许可水量、格尔木河咸水许可水量无法满足生产需求,缺口为地下水 183.56 万 m³/a,格尔木河咸水 1 890 万 m³/a。

(4)目前盐湖集团持有多个取水许可证和多个项目水资源论证批复,不利于水资源的统一管理和调配,建议水行政主管部门针对察尔汗重大产业基地和盐湖集团的特殊情况,将多个取水许可证及论证批复水量分水源合并后,按照一个取水许可证发放给盐湖集团,对口盐湖集团成立的专门水务机构。

建议许可水量:地下水 8 196.3 万 m³/a,格尔木河咸水 2 880 万 m³/a,那棱格勒河地表水 1.77 亿 m³/a;退水量:6 925.6 万 m³/a(5 205 万 m³/a 为卤水和洗泵水)。

(5)察尔汗园区项目普遍存在水计量设施配备欠缺的情况,大部分项目未对退水进行计量,且部分企业一级生产用水和生活用水计量配备尚不完善,建议各项目按照提出的水计量设施配备要求进行补充和完善。

(6)察尔汗重大产业基地和盐湖集团应尽快建立起专门的水务管理机构,建立健全水务管理制度,实行基地内的水资源统一管理和调配。

(7)开展盐湖镁业、化工等板块工艺废水处理回用专项研究工作,同时着手建设废污水深度处理和回用工程,加大废污水的回用力度,最大限度节约水资源。

参 考 文 献

［1］ 方芳,韩洪军,崔立明,等.煤化工废水"近零排放"技术难点解析［J］.环境影响评价,2017(3):9-13.

［2］ 徐春燕,韩洪军,姚杰,等.煤化工废水处理关键问题解析及技术发展趋势［J］.中国给水排水,2014,30(22):78-80.

［3］ 刘杰,韩梅,刘娟.新型煤化工项目水污染管控探析［J］.环境影响评价,2014(6):13-15.

［4］ 曲凤臣,吴晓峰,王敬贤.煤化工废水"近零排放"技术与应用［J］.环境影响与评价,2014(6):8-12.